1

기출문제

1 초경량비행장치 무인멀티콥터 필기시험 (비행이론과 운용)

1. 회전익무인비행장치의 기체 및 조종기의 배터리 점검사항으로 맞지 않는 것은?
   ① 조종기의 배터리 연결단자가 헐거워지거나 접촉 불량 여부를 점검한다.
   ② 기체의 배선과 배터리와의 고정 볼트의 고정 상태를 점검한다.
   ③ 배터리가 부풀어 오른 것은 사용하여도 아무런 문제가 없다.
   ④ 기체 배터리와 배선의 연결부위의 부식을 점검한다.

2. 항공기의 항행안전을 저해할 경우 장애물 높이가 지표면 또는 수면으로부터 몇 미터 이상이면 항공장애 표시등 및 항공장애 주간 표지를 설치하여야 하는가?
   ① 100미터 ② 250미터 ③ 150미터 ④ 200미터

3. 무인헬리콥터의 조종기를 장기간 미사용 할 경우 일반적인 관리요령이 어긋난 것은?
   ① 보관온도를 무시하고 보관한다
   ② 서늘한 장소에 보관한다.
   ③ 배터리를 분리해서 보관한다.
   ④ 케이스에 보관한다.

4. 비행 중 조종기의 배터리 경고음이 울렸을 때 조종자는 어떠한 행동을 취해야 하는가?
   ① 즉시 기체를 착륙시키고 엔진 시동을 정지 시킨다.
   ② 경고음이 꺼질 때까지 최대한 기다려 보고 판단 한다.
   ③ 재빨리 송신기의 배터리를 예비 배터리로 교환 한다.
   ④ 기체를 원거리로 이동시켜 제자리 비행으로 대기한다.

5. 회전익무인비행장치의 비행 준비 내용으로 틀린 것은?
   ① 기체크기와 무관한 이착륙장 ② 기체 배터리 상태
   ③ 조종기 배터리 상태 ④ 조종사의 건강 상태

6. 회전익무인비행장치의 조종사가 비행 중 주의해야 하는 내용으로 틀린 것은?
① 휴게실 장소 ② 착륙장 부유물
③ 비행지역의 장애물 ④ 조종사 주변의 차량 접근

7. 항공기와 무관한 것은 무엇인가?
① 로켓 우주선 ② 중량이 초과하는 비행기
③ 속도를 개조한 비행기 ④ 계류식 무인 비행장치

8. 초경량비행장치 조종자 전문교육기관이 지도조종자에게 이수해야 할 최소비행시간으로 맞는 것은?
① 50시간 ② 100시간 ③ 200시간 ④ 300시간

9. 항공종사자가 업무의 수행이 어려운 혈중 알코올 농도의 기준으로 적합한 것은?
① 0.02% 이상 ② 0.03% 이상
③ 0.04% 이상 ④ 0.2% 이상

10. 다음 중 안전관리제도에 대한 설명으로 어긋난 것은?
① 이륙중량이 25 kg이상이면 안정성 검사와 비행 시 비행승인을 받아야 한다.
② 자체 중량이 12 kg이하이면 사업을 하더라도 안정성 검사를 받지 않아도 된다.
③ 무게가 약 2 kg인 취미,레져용 드론은 조종자 준수사항을 준수할 필요가 없다.
④ 자체 중량이 12 kg이상이라도 개인 취미용으로 활용하면 조종자격증명이 필요 없다.

11. 리튬 폴리머(LI-PO) 배터리 취급에 대한 설명으로 맞는 것은?
① 폭발위험이나 화재 위험이 적어 충격에 잘 견딘다.
② 40℃ 이상의 환경에서 사용 될 경우 효율이 높아진다.
③ 수중에 장비가 추락했을 경우에는 배터리를 잘 보관해서 사용한다.
④ -10℃이하로 사용 될 경우 영구히 손상되어 사용불가 상태가 될 수 있다.

12. 비행 교육 후 평가의 원칙으로 틀린 것은?
① 평가자는 적법한 자격기준이 없어도 평가할 수 있다.
② 평가 방법은 표준화 되어야 한다.
③ 평가 목적이 이해 가능한 경우.
④ 구체적인 평가 결과를 산출 한다.

13. 다음 초경량비행장치를 사용하여 비행을 할 경우 자격증명이 필요한 것으로 맞는 것은?
    ① 패러글라이더
    ② 계류식 장치
    ③ 회전익 비행장치
    ④ 낙하산

14. 무인항공 방제 작업 시 조종자, 보조자, 신호자의 설명으로 틀린 것은?
    ① 비행에 관한 최종 판단은 작업 대표자가 한다.
    ② 신호자는 장애물 유뮤와 방제 끝부분 도착 여부를 조종자에게 알려준다.
    ③ 보조자는 살포하는 약제, 연료 포장 안내 등을 한다.
    ④ 조종자와 신호자는 모두 유자격자로서 교대로 조종 작업을 실시한다.

15. "초경량비행장치 사고 발생을 유발한 조종자 또는 소유자는 사고 발생 즉시 지방항공청장에게 보고해야 한다" 내용으로 틀린 것은?
    ① 초경량비행장치 소유자의 성명 또는 명칭
    ② 사고의 정확한 원인분석 및 결과
    ③ 사고의 경위
    ④ 사람의 사상 또는 물건의 파손 개요

16. 비행교관의 심리적 지도 기법 설명으로 맞는 것은?
    ① 교관의 입장에서 인간적으로 접근하여 대화를 통해 해결책을 강구
    ② 노련한 심리학자가 되어서 학생의 불안, 근심, 긴장 등을 해소하도록 노력한다.
    ③ 경쟁 심리를 자극하지 않고 잠재적 장점을 표출
    ④ 잘못에 대한 질책은 여러 번 반복한다.

17. 무인 비행장치 운용부분에 조종자가 작성할 문서로 적합하지 않는 것은?
    ① 비행훈련 기록부
    ② 항공기 이력부
    ③ 조종사 비행기록부
    ④ 정비검사 기록부

18. 무인항공 방제작업에 필요한 개인 안전장구로 틀린 것은?
    ① 헬멧
    ② 마스크
    ③ 전자모니터
    ④ 위생장갑

19. 무인항공 시스템의 운용요원의 내용으로 틀린 것은?
    ① 비행교관
    ② 내부조종사
    ③ 외부조종사
    ④ 탑재장비 조종관

20. 다음 중 비행 후 점검 사항으로 틀린 것은?
    ① 수신기의 작동을 끈다.
    ② 송신기를 끈다.
    ③ 기체를 안전한 곳으로 옮긴다.
    ④ 열이 식을 때까지 해당부위는 점검하지 않는다.

21. 리튬 폴리머 배터리 사용상의 설명으로 바른 것은?
    ① 비행 후 배터리 충전은 상온까지 온도가 내려간 상태에서 실시한다.
    ② 수명이 다 된 배터리는 그냥 쓰레기들과 같이 버린다.
    ③ 여행 시 배터리는 화물로 가방에 넣어서 운반이 가능하다,
    ④ 가급적 전도성이 좋은 금속 탁자 등에 두어 보관한다.

22. 무인배행장치 탑재 임무장비로 틀린 것은?
    ① 주간(EO) 카메라
    ② 데이터링크 장비
    ③ 적외선(FLIR) 감시카메라
    ④ 통신 중계 장비

23. 무인항공 시스템의 지상 지원 장비로 틀린 것은?
    ① 발전기
    ② 비행체
    ③ 비행체 운반차량
    ④ 정비지원 차량

24. 드론에 대한 설명으로 맞지 않은 것은?
    ① 드론은 대형 무인항공기와 소형무인항공기를 모두 포함하는 개념이다.
    ② 일반적으로 우리나라에서는 일정 무게이하의 소형 무인항공기를 지칭 한다.
    ③ 우리나라 항공법상 소형 무인항공기를 무인 비행장치로 분류하고 있다.
    ④ 우리나라 항공법상 드론은 동력 비행장치로 분류한다.

25. 무인 비행장치조종자가 조종 교육을 통해 배양해야 할 요소로 맞지 않은 것은?

① 자세(비행에 관한 안정적인 자세 배양) ② 위험관리

③ 자동적인 조종반응 ④ 인성교육

26. 고유의 안정성이란 무엇을 의미하는지 올바른 것은?

① 이착륙 성능이 좋다. ② 실속이 되기 어렵다.

③ 스핀이 되지 않는다. ④ 조종이 보다 용이하다.

27. 비행 준비 및 학과교육 단계에서 교육 요령으로 틀린 것은?

① 교관이 먼저 비행원리에 정통하고 적용하라.

② 교육, 정비 기록부 기록 철저한 관리

③ 시뮬레이션 교육을 최소화 시켜라.

④ 안전 교육을 철저히 시켜라.

28. 무인항공방제 작업 시 조종자/작업자의 안전 준비 사항으로 틀린 것은?

① 헬멧의 착용

② 보안경, 마스크 착용

③ 옷은 짧은 소매를 입는다.

④ 메인로터가 완전히 정지하면 접근을 금지한다.

29. 비상절차 단계의 교육훈련 내용으로 틀린 것은?

① 각 경고등 점등 시 의미 및 조치사항

② GPS수신 불량에 대한 프로그램 이용 실습

③ 통신 두절로 인한 Return Home기능 시범식 교육

④ 제어 시스템 에러 내용에 대한 일회성 설명 실시

30. 비행교관이 범하기 쉬운 과오로 적합하지 않는 것은?

① 자기 고유의 기술은, 자기만의 것으로 소유하고 잘난 체 하려는 태도

② 교육생이 잘못된 조작 방법에 대해 교관의 너그럽게 조작 수정

③ 감정에 의해서 표출되는 언어 표현의 사용

④ 교육생의 과오에 대해서 필요이상의 자기 감정을 억제

31. 초경량비행장치를 이용하여 비행 시 유의 사항으로 틀린 것은?
   ① 정해진 용도 이외의 목적으로 사용하지 말아야 한다.
   ② 고압 송전선 주위에서 비행하지 말아야 한다.
   ③ 추락, 비상착륙 시는 인명, 재산의 보호를 위해 노력해야 한다.
   ④ 공항 및 대형 비행장 반경 5km를 벗어나면 관할 관제탑의 승인이 필요 없이 비행하여도 된다.

32. 회전익무인비행장치 기본비행 단계에서의 교육 지도 요령으로 틀린 것은?
   ① 교육생보다 앞쪽이나 옆에서 교관의 조작을 잘 볼 수 있는 곳에 위치한다.
   ② 헬기에 집중하지 말고 시야를 점차 넓혀가면서 주의력을 분배하도록 훈련을 한다.
   ③ 파워, 피치, 러더의 삼타 일치 조작에 대한 기본적인 원리를 설명한다.
   ④ 통제권 전환 시 확실한 확인 후 전환 실시한다.

33. 무인멀티콥터에서 비행 간에 열이 발생할 경우 비행 후 필히 점검을 해야 할 부분으로 틀린 것은?
   ① 프로펠러(또는 로터) ② 비행제어장치(FCS)
   ③ 모터 ④ 변속기

34. GPS 장치의 구성으로 틀린 것은?
   ① 안테나 ② 모터 ③ 신호선 ④ 수신기

35. 위성항법시스템(GPS) 대한 설명으로 바른 것은?
   ① GPS는 미국에서 개발 및 운용하고 있으며 전 세계에 25개의 위성이 있다.
   ② GLONASS는 유럽에서 운용하는 것으로 25개의 위성이 구축되어 있다.
   ③ 중국은 독자 위성항법 시스템이 없다.
   ④ 위성신호의 오차는 통상 10 cm 이상이고 이것을 보정하기 위한 SBAS 시스템은 정지궤도 위성을 이용한다.

36. 지자기센서의 보정(Calibration)이 필요한 시기로 맞는 것은?
   ① 비행체를 처음 수령하여 시험비행을 한 후 다음날 다시 비행 할 때
   ② 20 km 이상 이격된 지역에서 비행을 할 경우
   ③ 비행체가 GPS 모드에서 고도를 잘 잡지 못할 경우
   ④ 전진비행 시 좌측으로 바람과 상관없이 벗어나는 경우

37. 현재 무인멀티콥터의 기술적 해결 과제로 틀린 것은?
① 장시간 비행을 위한 동력 시스템
② 비행체 구성품의 내구성 확보
③ 농업 방제장치 개발
④ 비행제어 시스템 신뢰성 확보

38. 무인 항공방제 사고의 주요 요인으로 틀린 것은?
① 방제 전날 사전 답사를 하지 않았다.
② 숙달된 조종자가 신호수를 배치하지 않는다.
③ 주 조종자가 교대 없이 혼자서 방제작업을 진행한다.
④ 비행 시작 전에 조종자가 현장의 장애물 유무를 육안 확인한다.

39. 무인항공 방제작업의 살포비행 조종방법으로 틀린 것은?
① 멀티콥터 중량이 큰 15리터 모델과 20리터 모델별로 살포할 때 3 m이상의 고도로 비행한다.
② 작물의 상태와 종류에 따라 비행고도를 다르게 적용한다.
③ 비행고도는 기종과 비행체 중량에 따라 다르게 적용한다.
④ 살포비행의 폭은 비행고도와 무관하고 일정하다.

40. 무인멀티콥터의 활용분야로 틀린 것은?
① 인력 운송사업 ② 항공촬영 분야 사업
③ 항공 방제사업 ④ 공간 정보 활용

41. 무인멀티콥터의 비행의 위험관리 사항으로 틀린 것은?
① 비행장치(지상장비의 상태, 정비, 충전기 등)
② 환경(기상상태, 주의 장애물 등)
③ 조종자(건강상태, 음주, 피로 등)
④ 비행(비행목적, 계획, 긴급도, 위험도)

42. 교육생에 대한 교관의 학습 지원 요령으로 틀린 것은?
① 학생의 특성과 상관없이 표준화된 한가지의 교수 방법을 적용하여야 한다.
② 정확한 표준 조작 요구
③ 긍정적인 면을 강조
④ 교관이 먼저 비행원리에 정통하고 적용한다.

43. 다음 중 초경량비행장치의 기준으로 틀린 것은?
   ① 동력 비행장치는 1인석에 115 kg이하
   ② 행글라이더 및 패러글라이더는 중량 70 kg이하
   ③ 무인 동력 비행장치는 연료 제외한 자체중량 115 kg이하
   ④ 무인비행선은 연료 제외 자체중량 180 kg 이하

44. 조종자 준수사항으로 틀린 것은?
   ① 야간에 비행은 금지되어 있다.
   ② 사람이 많은 아파트 놀이터, 공연장 등에서 비행은 가능하다.
   ③ 음주, 마약을 복용한 상태에서 비행은 금지되어 있다.
   ④ 사고나 분실에 대비하여 비행장치에 소유자 이름과 연락처를 기재하여야 한다.

45. 전동 무인멀티콥터의 필수 구성품으로 틀린 것은?
   ① 프로펠러(또는 로터) ② 비행제어장치(FCS)
   ③ 모터와 변속 ④ 냉각펌프

46. 비행제어 시스템의 내부 구성품으로 틀린 것은?
   ① ESC ② IMU ③ PMU ④ GPS

47. 무인멀티콥터 조종기에 사용에 대한 설명으로 맞는 것은?
   ① 모드 1 조종기는 고도 조종 스틱이 좌측에 있다.
   ② 모드 2 조종기는 우측 스틱으로 전후 좌우를 모두 조종할 수 있다.
   ③ 비행모드는 자세제어모드와 수동모드로 구성된다
   ④ 조종기 배터리 전압은 보통 7VDC 이하로 사용한다.

48. 산업용 무인멀티콥터의 일반적인 비행 전 점검 순서로 올바른 것은?
   ① 프로펠러 → 모터 → 변속기 → 붐/암 → 본체 → 착륙장치 → 임무장치
   ② 변속기 → 붐/암 → 프로펠러 → 모터 → 본체 → 착륙장치 → 임무장치
   ③ 임무장치 → 프로펠러 → 모터 → 변속기 → 붐/암 → 착륙장치 → 본체
   ④ 임무장치 → 프로펠러 → 변속기 → 모터 → 붐/암 → 본체 → 착륙장치

49. 비행제어시스템에서 자세제어와 직접 관련이 있는 센서와 장치가 아닌 것은?
① 가속도센서 ② 자이로센서
③ 변속기 ④ 모터

50. 위성항법 시스템(GPS)의 설명으로 맞지 않는 것은?
① 위성항법 시스템에는 GPS, GLONASS, Galileo, Beidou등이 있다.
② 우리나라에서는 GLONASS는 사용하지 못하며 금지되어 있다.
③ 위성신호별로 빛의 속도와 시간을 이용해 거리를 산출한다.
④ 삼각진법을 이용하여 위치를 계산한다.

51. 농업용 무인멀티콥터로 방제작업을 할 때 조종자의 준수사항으로 틀린 것은?
① 헬멧의 착용 ② 보안경 및 마스크 착용
③ 시원한 짧은 소매 복장 ④ 양방향 무전기

52. 무인항공 방제작업의 살포비행 조종방법으로 맞는 것은?
① 비행고도는 항상 5 m 이내로 한정하여 비행한다.
② 비행고도와 작물의 상태와는 상관이 없다.
③ 비행고도는 기종과 비행체 중량에 따라서 다르게 적용한다.
④ 살포 폭은 비행고도와 상관없이 일정하다.

53. 비행교관 자질로서 옳은 것은?
① 비행기량이 뛰어난 것을 과시하는 시범 행위
② 전문지식은 필요한 부분만 부분적으로 숙지한다.
③ 교육생들의 문제점을 지적하기 전에 교육생의 특성을 고려해서 먼저 파악한다.
④ 교관의 자기감정을 숨김없이 표출한다.

54. 초경량비행장치 조종자 전문교육기관 지정 기준으로 가장 맞는 것은?
① 비행시간이 100시간 이상인 지도조종자 1명이상 보유
② 비행시간이 150시간 이상인 지도조종자 2명이상 보유
③ 비행시간이 10시간 이상인 실기평가 조종자 1명이상 보유
④ 비행시간이 150시간 이상인 실기평가 조종자 2명이상 보유

55. 초경량비행장치 사고로 분류할 수 없는 것은?
① 초경량비행장치에 의한 사람의 사망, 중상 또는 행방불명
② 초경량비행장치의 덮개, 내부의 부품이 고장
③ 초경량비행장치의 추락, 충돌 또는 화재 발생
④ 초경량비행장치의 위치를 확인 할 수 없거나 비행장치에 접근이 불가할 경우

56. 초경량비행장치를 이용하여 비행 시 유의 사항으로 틀린 것은?
① 군 방공비상사태에 인지 시 즉시 비행을 중지하고 착륙하여야 한다.
② 항공기 부근에는 접근하지 말아야 한다.
③ 유사 초경량비행장치 간격을 가까이 접근해서 비행이 가능하다.
④ 비행 중 사주경계를 철저히 하여야 한다.

57. 초경량비행장치를 이용하여 비행 시 유의사항으로 틀린 것은?
① 태풍 및 돌풍 등 악기상 조건하에서는 비행하지 말아야 한다.
② 제원표에 표시된 최대이륙 중량을 초과하여 비행하지 말아야 한다.
③ 주변에 지상 장애물이 없는 장소에서 이. 착륙하여야 한다.
④ 날씨가 맑고 보름달, 인공조명 등으로 시야가 확보되면 야간비행도 가능하다.

58. 항공시설 업무, 절차 또는 위험요소의 시설, 운영상태 및 그 변경에 관한 정보를 수록하여 전기통신 수단으로 항공종사자들에게 배포하는 공고문은 무엇인가?
① AIC ② AIP ③ AIRAE ④ NOTAM

59. 다음 연료여과기에 대한 설명 중 가장 맞는 것은?
① 연료탱크 안에 고여 있는 물이나 침전물을 외부로부터 빼내는 역할을 한다.
② 외부공기를 기화된 연료와 혼합하여 실린더 입구로 공급한다.
③ 엔진 사용 전에 흡입구에 연료를 공급한다.
④ 연료가 엔진에 도달하기 전에 연료의 습기나 이물질을 제거한다.

60. 초경량비행장치 조종자 전문교육기관이 확보해야할 지도조종자의 최소 비행시간으로 맞는 것은?
① 50시간 ② 100시간 ③ 150시간 ④ 200시간

61. 초경량비행장치 조종자 자격시험에 응시 할 수 있는 최소 연령으로 맞는 것은?

① 만 12세 이상 ② 만 13세 이상
③ 만 14세 이상 ④ 만 18세 이상

62. 리튬 폴리머 배터리 보관 시 주의 사항이 틀린 것은?

① 더운 날씨에 차량에 배터리를 보관하지 말 것, 적합한 보관 장소의 온도는 22도~28도
② 배터리를 낙하, 충격, 파손 또는 인위적으로 합선 시키지 않는다.
③ 손상된 배터리나 전력 수준이 50% 이상인 상태에서 배송하지 않는다.
④ 추운 겨울에는 화로대, 히터 등 열원 주변처럼 뜨거운 장소에 보관한다.

63. 다음 무인회전익비행장치에 사용되는 엔진으로 틀린 것은?

① 왕복엔진 ② 로터리엔진
③ 터보팬 엔진 ④ 가솔린 엔진

64. 무인헬리콥터의 메인로터와 테일로터의 회전비가 알맞는 것은?

① 1:1 ② 1:3 ③ 1:5 ④ 1:7

65. 다음 지문에서 설명하는 헬기의 구성 부품의 명칭은 적합한 것은?

"고정측과 회전측의 두 가지 요소로 구성되고, 고정측의 경사를 회전측 쪽으로 전달한다. 중앙부는 자유로이 기울 수 있도록 원형의 베어링으로 장시간 유지하도록 만들어진 시스템이다."

① 자이로(Gyro) ② 메인로터(Main Rotor)
③ 센터 허브(Center Hub) ④ 스와시 플레이트(Swash Plate)

66. 헬기 비행시 엔진이 꺼졌을 때 조치사항으로 알맞는 것은?

① 사이클릭 피치를 좌우로 이동하여 방향 안전성을 확보한다.
② 횡방향으로 안전성 확보와 몸체의 회전방지를 위해 테일로터의 추력을 가속한다.
③ 메인 로터의 피치각을 작게 해주어 양력을 최대한 끌어낸다.
④ 미션과 주회전익을 분리하고 메인로터의 관성을 이용해서 충격을 최대한 완화시키며 충격을 최소화 한다.

67. 초경량비행장치 운용제한에 관한 내용으로 틀린 것은?
① 인구밀집지역이나 사람이 운집한 장소 상공에서 비행하면 안 된다.
② 인명이나 재산에 위험을 초래할 우려가 있는 낙하물을 투하하면 안 된다.
③ 맑은 날씨 그리고 보름달 등으로 밝은 곳은 야간에 비행할 수 있다.
④ 안개 등으로 인하여 지상목표물이 육안으로 식별할 수 없는 상태에서 비행하여서는 안 된다.

68. 다음 중 초경량비행장치가 아닌 것은?
① 동력비행장치 ② 회전익 비행장치
③ 패러플레인 ④ 우주선

69. 신고를 하지 않아도 되는 초경량비행장치는 어느 것인가?
① 동력비행장치 ② 인력활공기
③ 회전익비행장치 ④ 초경량헬리콥터

70. 다음의 초경량비행장치를 사용하여 비행하고자 하는 경우 자격증명이 필요한 것은 어느 것인가?
① 회전익비행장치 ② 패러글라이더
③ 계류식 기구 ④ 낙하산

71. 초경량비행장치의 사고 중 항공사고조사위원회가 사고의 조사를 하는 항목으로 틀린 것은?
① 주차장에 있는 차량을 초경량비행장치로 인하여 파손시킨 사고
② 초경량비행장치로 인하여 사람이 중상 또는 사망한 사고
③ 비행 중 발생한 추락, 충돌사고
④ 비행 중 발행한 화재사고

72. 안전성 인증 검사를 받아야 하는 초경량비행장치에 해당사항이 없는 것은?
① 초경량 동력비행장치 ② 초경량 회전익비행장치
③ 패러플레인 ④ 유인자유기구

73. 현재 초경량비행장치 사용하지 않는 배터리의 종류는 어느 것인가?
① Li-Po ② Li-Ch ③ Ni-MH ④ Ni-Cd

74. NOTAM 유효기간으로 알맞는 것은?
① 1개월 ② 3개월 ③ 6개월 ④ 1년

75. 무인회전익비행장치의 기체점검 사항 중 틀린 것은?
① 비행 전/후 비행 중/후 점검은 운용자에 의해 실시한다.
② 30시간 점검/정기 점검 (연간정비)을 받아야 한다.
③ 종합점검은 지정 정비기관에서 실시하여야 한다.
④ 무인회전익비행장치의 종합검진과 정기 점검을 동시에 실시한다.

76. 초경량비행장치 중 프로펠러가 4개인 멀티콥터의 의미에 가장 알맞은 것은?
① 헥사콥터 ② 옥토콥터 ③ 쿼드콥터 ④ 트라이콥터

77. 터널 속 GPS 오작동 시 이용하는 항법은 무엇인가?
① 지문항법 ② 추측항법 ③ 관성항법 ④ 무선항법

78. 멀티콥터의 비행모드가 아닌 것은?
① GPS모드 ② 에티모드 ③ 수동모드 ④ 고도제한 모드

79. 초경량비행장치 사고가 발생하면 사고조사 담당기관은 어느 기관 인가?
① 철도항공사고조사위원회 ② 국토교통부
③ 검찰 및 경찰 ④ 해양경찰 및 헌병

80. 드론을 조종하다가 갑자기 기계의 오작동 및 이상이 발생할 경우 올바른 행동은 무엇인가?
① 주위사람에게 큰소리로 위험함을 알리며 외친다.
② 급추락이나 안전하게 착륙 시킨다.
③ 자세제어 모드로 전환하여 조종을 한다.
④ 최장거리로 비상착륙을 한다.

81. 무인멀티콥터의 위치를 제어하는 부품으로 알맞은 것은?
① GPS ② 온도감지계
③ 레이저센서 ④ 자이로

82. 무인멀티콥터의 윤활유 역할로 틀린 것은?
① 윤활력 ② 냉각력 ③ 접착력 ④ 압축력

83. 멀티콥터의 사용되는 엔진으로 알맞는 것은?
① 전기모터 ② 가솔린 ③ 로터리엔진 ④ 터보엔진

84. 무인멀티콥터의 기수를 제어할 수 있는 부품은 무엇인가?
① 지자계센서 ② 온도 ③ 레이저 ④ GPS

2 초경량비행장치 무인멀티콥터 필기시험 (항공역학)

1. 회전익 항공기에 나타나는 항력 구분과 무관한 것은?
   ① 유도항력 ② 형상항력 ③ 조파항력 ④ 유해항력

2. 에어포일(Airfoil)은 형태에 따라 달라지는데 아닌 것은?
   ① 항공기의 종류 ② 항공기의 용도
   ③ 비행속도 ④ 항공기의 구성

3. 항공기의 안정성 3가지 중 틀린 것은?
   ① 가로 안정성 ② 피치 안정성
   ③ 방향 안정성 ④ 세로 안정성

4. 항력과 속도와의 관계 설명 중 맞지 않는 것은?
   ① 유도항력의 크기는 공기속도의 제곱에 반비례한다.
   ② 유해항력은 날개에서 발생한 유도항력을 뺀 나머지 드론 전체의 항력을 말한다.
   ③ 형상항력은 블레이드가 공기 중을 통과할 때 표면마찰에 의해 발생하는 마찰성 저항이며 고정익 항공기에서만 발생한다.
   ④ 유도항력은 양력 발생 시 동반되는 하강기류 속도와 날개의 윗면, 아랫면을 통과하는 공기흐름을 저해하는 와류에 의해 발생되는 항력이다.

5. 베르누이 정리에 대한 바른 설명은?
   ① 유체가 흐를 때 유체는 속도를 가지게 되며 이로 인해 양력에너지를 갖게 된다.
   ② 유체의 운동에너지를 압력으로 변환했을 때 이 압력을 정압이라 한다.
   ③ 정압과 동압의 합인 전압은 항상 일정하다.
   ④ 유체의 속력이 증가하면 정압도 증가한다.

6. 지면효과를 받을 때 나타나는 현상으로 맞지 않는 것은?
   ① 유도기류 속도가 감소한다.
   ② 수직 양력의 크기가 감소한다.
   ③ 영각(받음각)의 크기가 증가한다.
   ④ 유도항력의 크기가 감소한다.

7. 지면효과를 받지 않을 때 나타나는 현상으로 맞는 것은?
   ① 유도기류 속도가 증가 한다
   ② 수직 양력의 크기가 증가 한다.
   ③ 영각(받음각)의 크기가 증가 한다.
   ④ 유도항력의 크기가 감소 한다

8. 블레이드가 공기를 통과할 때 표면 마찰에 의해 발생하는 마찰성 저항으로 회전익 항공기에서 만 발생하는 항력은?
   ① 유도항력 ② 유해항력 ③ 형상항력 ④ 총항력

9. 다음 중 날개의 받음각에 대한 설명이다. 맞지 않는 것은?
   ① 익현선과 상대풍의 반대방향과 이루는 각이다.
   ② 공기흐름의 속도방향과 날개 골의 시위선이 이루는 각이다.
   ③ 양력과 항력의 크기를 결정하는 중요한 요소이다.
   ④ Airfoil의 익현선과 합력 상대풍의 사이 각이다.

10. 날개에서 양력이 발생하는 원리의 기초가 되는 베르누이 정리에 대한 설명에서 맞지 않는 것은?
   ① 전압(Pt) = 동압(O) + 정압(P)
   ② 동압과 정압의 차이로 비행속도를 측정할 수 있다.
   ③ 음속보다 빠른 흐름에서는 동압과 정압이 동시에 증가한다.
   ④ 흐름의 속도가 빨라지면 동압이 증가하고 정압이 감소한다.

11. 프로펠러에 대한 설명 중 올바르지 않는 것은?
① 회전면과 공기유입방향이 이루는 각을 Pitch각이라 한다.
② Pitch각을 바꿀 수 있는 것을 가변피치 프로펠러라고 한다.
③ 받음각과 Pitch angle의 합은 Helix angle이다.
④ Pitch각을 바꿀 수 없는 것을 고정피치 프로펠러라고 한다.

12. 항공기의 세로안정성과 관계있는 운동은?
① Yawing(요잉) ② Pitching(피칭)
③ Rolling(롤링) ④ Rolling & Pitching(롤링 & 피칭)

13. 다음 중 항공기의 가로안정성과 관계있는 운동은 무엇인가?
① Yawing(요잉) ② Pitching(피칭)
③ Rolling(롤링) ④ Rolling & Pitching(롤링 & 피칭)

14. 항공기의 방향안정성과 관계있는 운동은 무엇인가?
① Yawing(요잉) ② Pitching(피칭)
③ Rolling(롤링) ④ Rolling & Pitching(롤링 & 피칭)

15. 다음 중 무인 헬리콥터에 작용하는 힘을 올바르게 연결한 것은?
① 합력-양력-항력-추력-무게 ② 합력-추력-양력-항력-무게
③ 양력-합력-추력-무게-항력 ④ 양력-추력-합력-항력-무게

16. 회전익 비행장치가 호버링 상태로부터 전진비행으로 바뀌는 과도적인 상태는?
① 전이 비행 ② 지면 효과 ③ 자동 회전 ④ 횡단류 효과

17. 헬기 피치각의 설명으로 바르지 못한 것은?
① 테일 로터의 피치각은 변화 시킬 수 있다.
② 메인 로터의 피치각은 필요에 따라 변화 시킬 수 있다.
③ 테일 로터의 피치각은 변화 시킬 수 없다.
④ 메인 로터의 피치각은 이륙과 상승 때 다르다.

18. 무인 헬리콥터 선회 비행 시 발생하는 슬립과 스키드에 대한 설명 중 가장 적절한 것은?
   ① 슬립은 헬리콥터 선회 시 기수가 올라가는 현상을 의미한다.
   ② 슬립과 스키드는 헬리콥터 선회 시 기수가 선회 중심 방향으로 돌아가는 현상을 의미한다.
   ③ 스키드는 헬리콥터 선회 시 기수가 내려가는 현상을 의미한다.
   ④ 슬립과 스키드는 모두 꼬리 회전날개 반토오크가 적절치 못해 발생한다.

19. 양력발생에 영향을 미치는 것이 아닌 것은?
   ① 속도
   ② 받음각
   ③ 해발고도
   ④ 장애물이 없는 지역

20. 회전익비행장치의 유동력 침하가 발생될 수 있는 비행조건으로 틀린 것은?
   ① 깊은 각(300 feet per minute)으로 접근 시
   ② 배풍접근 시
   ③ 지면효과 밖에서 호버링을 하는 동안 일정한 고도를 유지하지 않을 때
   ④ 편대비행 접근 시

21. 블레이드 종횡비의 비율이 커지면 나타나는 현상이 적절하지 않는 것은?
   ① 유해항력이 증가한다.
   ② 활공성능이 좋아진다.
   ③ 유도항력이 감소한다.
   ④ 양항비가 작아진다.

22. 지면효과에 대한 설명 중 가장 적절한 것은?
   ① 지면효과에 의해 회전날개 후류의 속도는 급격하게 증가되고 압력은 감소한다.
   ② 동일 엔진일 경우 지면효과가 나타나는 낮은 고도에서 더 많은 무게를 지탱할 수 있다.
   ③ 지면효과는 양력 감소현상을 초래하기는 하지만 항공기의 진동을 감소 시키는 등 긍정적인 면도 있다.
   ④ 지면효과는 양력의 급격한 감소현상과 같은 헬리콥터의 비행성에 항상 불리한 영향을 미친다.

23. 무인헬기가 선회비행 시 미끄러지려는 이유는?
   ① 경사각은 크고 원심력이 구심력보다 클 때
   ② 경사각은 작고 원심력이 구심력보다 클 때
   ③ 경사각은 크고 구심력이 원심력보다 클 때
   ④ 경사각은 작고 구심력이 원심력보다 클 때

24. 관의 직경이 일정하지 않은 관을 통과하는 유체(공기)의 속도, 동압, 정압의 관계를 설명 중 적절한 것은?
   ① 직경이 작은 부분의 공기흐름은 속도가 빨라지고 동압은 커지고 정압은 작아진다.
   ② 직경이 넓은 부분의 공기흐름은 속도는 빨라지고 동압은 커지고 정압은 작아진다.
   ③ 관의 직경과 관계없이 흐름의 속도가 같고 동압과 정압의 변화는 일정하다.
   ④ 직경이 작은 부분의 공기흐름은 속도가 느려지고 동압은 커지고 정압은 작아진다.

25. 실속(stall)에 대한 설명으로 틀린것은?
   ① 비행기가 그 고도를 더 이상 유지할 수 없는 상태를 말한다.
   ② 받음각(AOA)이 실속(stall)각보다 클 때 일어나는 현상이다.
   ③ 날개에서 공기흐름의 떨어짐 현상이 생겼을 때 일어난다.
   ④ 양력계수가 급격히 증가하기 때문이다.

26. 피토우(pitot)관을 이용한 속도계의 원리를 설명한 것으로 올바른 것은?
   ① 속도 = (정압 + 동압) – 정압　　② 속도 = (동압 – 정압) × 정압
   ③ 속도 = 전압 – 동압　　④ 속도 = (동압 × 정압) – 전압

27. 멀티콥터의 수직착륙 시 조종방법은?
   ① 스로틀 상승　　② 스로틀 하강
   ③ 피치 전진　　④ 피치 후진

28. 날개골(airfoil)에서 캠버(camber)를 설명한 것이다. 올바른 것은?
   ① 앞전과 뒤전 사이를 말한다.
   ② 시위선과 평균캠버선 사이의 길이를 말한다.
   ③ 날개의 아랫면(lower camber)과 위면(upper camber) 사이를 말한다.
   ④ 날개 앞전에서 시위선 길이의 25% 지점의 두께를 말한다.

29. 항공기가 일정고도에서 등속수평비행 시 올바른 조건은?
   ① 양력=항력, 추력=중력　　② 양력=중력, 추력=항력
   ③ 추력〉항력, 양력〉중력　　④ 추력=항력, 양력〈중력

30. 상대풍(Relative Wind)에 관련된 설명 중 올바른 것은?
① 항공기의 진행방향과 평행하게 항공기 진행방향과 반대방향으로 흐르는 공기 흐름이다.
② 프로펠러 후류에 의해 형성되는 공기 흐름을 말한다.
③ 항공기가 진행할 때 날개끝의 압력차에 의해 형성되는 공기 흐름을 말한다.
④ 항공기가 진행할 때 옆으로 흐르게 하는 옆바람을 말한다.

31. 앞전(leading edge)과 뒷전(trailing edge)를 연결하는 직선을 무엇이라고 하는가?
① 캠버(camber) ② 에어포일(airfoil)
③ 시위선(chord line) ③ 받음각(AOA)

32. 상대풍(relative airflow)과 시위선(chord line)이 이루는 각을 무엇이라고 하는가?
① 캠버(camber) ② 에어포일(airfoil)
③ 시위선(chord line) ③ 받음각(AOA)

33. 다음 중 받음각이 변하더라도 모멘트 계수의 값이 변하지 않는 점은?
① 중력 중심 ② 압력 중심 ③ 풍판 중심 ④ 공력 중심

34. 베르누이정리에서 정압과 동압의 관계를 적절하게 설명한 것은?
① 정압은 공기가 흐르는 방향의 측면에 대한 압력이다.
② 전압은 정압에서 동압을 뺀 것을 말한다.
③ 에너지 유체의 총량은 항상 변한다는 이론이다.
④ 동압은 공기가 흐르는 방향의 뒷면에 대한 압력이다.

35. 프롭 피치각에 대한 설명으로 적절한 것은?
① 피치각을 변화시켜 전진과 후진을 결정한다.
② 피치각과 속도와는 관계가 없다.
③ 피치는 로터가 2회전할 때 나아가는 거리를 말한다.
④ 피치각도가 크다면 바람의 저항을 견디기 어렵다.

36. 무인멀티콥터에서 프롭의 최대 출력을 평가하는 방법은?
① 피치각을 조정한다. ② 배터리를 충전한다.
③ 호버링을 한다. ④ 무거운 화물을 탑재한다.

37. 회전익 항공기의 유도기류에 대한 설명으로 잘못된 것은?
① 로터의 회전면을 따라 위에서 아래로 흐르는 공기를 말한다.
② 피치각이 커지면 유도기류는 감소한다.
③ 유도기류로 인해 지면효과가 발생한다.
④ 로터의 직경 1배 이하 고도에서 지면효과가 증가한다.

38. 피치(Pitch)에 대한 설명으로 올바르지 않는 것은?
① 항공기의 속도를 높이는 것을 말한다.
② 꼬리날개에 부착된 엘리베이터로 조종한다.
③ 항공기가 이륙할 때 각도를 피치각이라고 한다.
④ 항공기를 선회할 때 사용한다.

39. 뉴턴의 법칙 중 회전익 비행장치의 토크현상과 관련이 있는 것은?
① 가속도의 법칙 ② 만유인력의 법칙
③ 작용과 반작용의 법칙 ④ 관성의 법칙

40. 뉴턴의 1, 2, 3,법칙 중 제3법칙인 관성의 법칙과 관계가 있는 것은?
① 양력 ② 항력 ③ 중력 ④ 추력

41. 다음 중 항공기의 기류박리에 대한 설명으로 적절한 것은?
① 항공기 날개 표면으로부터 공기가 떨어져 나가는 현상이다.
② 양력은 감소하고 항력은 증가한다.
③ 에어포일에 기류박리가 발생하면 실속상태에 빠진다.
④ 공기흐름이 정상적으로 흐르는 것을 말한다.

42. X자형 무인멀티콥터의 전진비행 시 블레이드 회전속도로 적절한 조치는?
① 진행 반대방향의 블레이드 속도를 높인다.
② 진행 방향의 블레이드 속도를 높인다.
③ 진행방향의 우측 블레이드 속도를 높인다.
④ 진행방향의 좌측 블레이드 속도를 높인다.

43. X자형 무인멀티콥터의 우측으로 진행 시 블레이드 회전속도에 설명으로 적절한 것은?
① 블레이드 M1을 반시계방향으로 빠르게 회전시킨다.
② 블레이드 M4을 시계방향으로 빠르게 회전시킨다.
③ 블레이드 M3을 반시계방향으로 빠르게 회전시킨다.
④ 블레이드 M2을 시계방향으로 빠르게 회전시킨다.

44. 베르누이정리의 기계적 에너지에 포함되지 않는 것은?
① 운동에너지 ② 위치에너지 ③ 이동에너지 ④ 압력에너지

45. 공기흐름 방향에 관계없이 모든 방향으로 작용하는 압력은?
① 전압 ② 정압 ③ 동압 ④ 유압

46. 항력에 대한 설명으로 적절하지 않는 것은?
① 항공기 속도가 증가할수록 유해항력은 증가한다.
② 받음각이 증가하면 유도항력이 증가한다.
③ 항공기 속도가 증가하면 유도항력은 감소한다.
④ 항력은 속도제곱에 비례한다.

47. 베르누이정리에 대한 설명으로 올바르지 않는 것은?
① 동압 + 정압 = 전압은 일정하다.
② 유체속도가 빨라지면 정압이 감소한다.
③ 동압이 커지면 정압은 감소한다.
④ 정압은 공기가 흐르는 방향에 대한 측면에 대한 압력이다.

48. 다음 중 유해항력에 포함되지 않는 것은?
① 유도항력 ② 형상항력 ③ 마찰항력 ④ 간섭항력

49. 항공기에 작용하는 후연와류에 의해 발생하는 항력은?
① 유해항력 ② 형상항력 ③ 유도항력 ④ 마찰항력

50. 회전익 비행장치의 토크작용에 대한 설명으로 올바른 것은?
① 메인로터의 진행방향과 반대방향으로 기체가 돌아가려는 현상을 말한다.
② 단일 로터 헬리콥터는 주로터가 반토크 로터의 역할을 수행한다.
③ 동축 로터 헬리콥터는 2개의 로터가 같은 방향으로 회전한다.
④ 양측 로터 헬리콥터는 좌우 양쪽이 서로 같은 방향으로 회전한다.

51. 다음 중 받음각을 다르게 표현하는 명칭에 상관이 없는 것은?
① 공격각 ② 영각 ③ 양각 ④ 붙임각

52. 다음 중 뉴턴의 운동법칙에 관련이 없는 것은?
① 관성의 법칙 ② 베르누이법칙
③ 가속도의 법칙 ④ 작용과 반작용의 법칙

53. 항공기의 양력을 높이기 위한 고양력장치는?
① 에어포일 ② 플랩
③ 엘리베이터 ④ 러더

54. 회전익 항공기나 고정익 항공기가 이착륙 지면과 가까워지면서 양력 발생효율이 증대되는 현상은?
① 편류현상 ② 코리오리스효과
③ 트림효과 ④ 지면효과

55. 초경량비행장치의 프로펠러에 대한 설명으로 적절하지 않는 것은?
① 회전축에 가까울수록 꼬임각을 작게 한다.
② 프로펠러는 익근의 꼬임각을 익단보다 크게 한다
③ 프로펠러의 꼬임각은 양력 불균형을 해소하기 위해서 차이를 둔다.
④ 프로펠러는 추진력을 발생시키는 장치이다.

56. 다음 중 상대풍과 에어포일의 시위선이 이루는 각은?
① 취부각 ② 피치각 ③ 붙임각 ④ 받음각

57. 회전익 비행장치가 등속수평비행을 하고 있을 때 작용하는 힘은?

① 추력= 항력, 양력=중력 ② 추력= 양력+항력

③ 추력= 양력+항력+중력 ④ 추력= 양력+중력

58. 다음 중 헬리콥터를 공기 중에 부양시키는 항공역학적인 힘은?

① 중력 ② 항력 ③ 양력 ④ 추력

59. 다음 중 양력에 대한 설명으로 틀린 것은?

① 양력은 유체의 밀도에 비례해서 커진다.

② 항공기의 날개가 넓을수록 양력은 감소한다.

③ 항공기의 날개가 두꺼울수록 양력은 증가한다.

④ 받음각(AOA)이 너무 커지면 실속이 발생한다.

60. 다음 중 항공기의 기체 표면의 마찰력에 의해 발생하는 항력은?

① 수직항력 ② 수평항력 ③ 유도항력 ④ 유해항력

61. 다음 중 지시속도에 대한 설명으로 적절한 것은?

① 속도계가 지시하는 속도 ② 속도계의 눈금에 위치 수정한 속도

③ 어떤 고도에서의 대기속도 ④ 어떤 비행기에 지정된 최대 급강하속도

62. 다음 중 항공기의 상승률을 저해하는 요인으로 올바른 것은?

① 중량이 적을수록 ② 프로펠러 효율이 클수록

③ 이용마력이 클수록 ④ 필요마력이 클수록

63. 다음 중 비행에 있어서 비행의 최고속도에 영향을 미치는 요소가 아닌 것은?

① 날개의 면적 ② 추력

③ 레이놀즈수 ④ 밀도

64. 다음 중 베르누이의 정리가 성립되는 조건은?
① 유체흐름 중간에서 에너지의 공급을 받았을 때
② 유체흐름 중간에서 에너지의 공급을 받지 않았을 때
③ 어떤 경우에서나
④ 비행기 날개에 공기가 부딪쳐 올 때만

65. 비행방향의 반대방향인 공기흐름의 속도방향과 Airfoil의 시위선이 만드는 사이각을 말하며, 양력, 항력 및 피치모멘트에 가장 큰 영향을 주는 것은?
① 상반각 ② 붙임각 ③ 받음각 ④ 후퇴각

66. 헬리콥터나 드론이 제자리 비행을 하다가 이동시키면 계속 정지상태를 유지하려는 것은 뉴턴의 운동법칙 중 무슨 법칙인가?
① 가속도의 법칙 ② 관성의 법칙
③ 작용반작용의 법칙 ④ 등가속도의 법칙

67. 수평 직진비행을 하다가 상승비행으로 전환 시 받음각(영각)이 증가하면 양력은 어떻게 변화하는가?
① 순간적으로 감소한다. ② 순간적으로 증가한다.
③ 변화가 없다. ④ 지속적으로 감소한다.

68. 항공기 또는 무인비행장치에 작용하는 힘으로 올바른 것은?
① 양력, 무게, 추력, 항력 ② 양력, 중력, 무게, 추력
③ 양력, 무게, 동력, 마찰 ④ 양력, 마찰, 추력, 항력

69. 대칭형 Airfoil에 대한 설명 중 잘못된 것은?
① 상부와 하부표면이 대칭을 이루고, 있으나 평균 캠버선과 익현선은 일치하지 않는다.
② 중력중심 이동이 대체로 일정하게 유지되어 주로 저속 항공기에 적합하다.
③ 장점은 제작비용이 저렴하고 제작도 용이하다.
④ 단점은 비대칭형 Airfoil에 비해 양력이 적게 발생하여 실속이 발생할 수 있는 경우가 더 많다.

70. 취부각(붙임각)의 설명과 다른 것은?
   ① Airfoil의 익현선과 로터 회전면이 이루는 각
   ② 취부각(붙임각)에 따라서 양력은 증가만 한다.
   ③ 블레이드 피치각
   ④ 유도기류와 항공기 속도가 없는 상태에서는 영각(받음각)과 동일하다.

71. 비행장치의 무게중심은 어떻게 결정할 수 있는가?
   ① CG = TA X TW(총 암과 총 무게를 곱한 값이다.)
   ② CG = TM ÷ TW(총 모멘트를 총 무게로 나누어 얻은 값이다.)
   ③ CG = TM ÷ TA(총 모멘트를 총 암으로 나누어진 값이다.)
   ④ CG = TA - TM(총 암을 모멘트로 나누어 얻은 값이다.)

72. 헬리콥터나 드론이 제자리 비행을 하다가 전진비행을 계속하면 속도가 증가되어 이륙하게 되는데 이것은 뉴턴의 운동법칙 중 어디에 해당하는가?
   ① 가속도의 법칙 ② 관성의 법칙
   ③ 작용반작용의 법칙 ④ 등가속도의 법칙

73. 총 무게가 5 kg인 비행장치가 45도의 경사로 동 고도로 선회할 때 총 하중 계수는?
   ① 5 kg ② 6 kg ③ 7.5 kg ④ 10 kg

74. 실속에 대한 설명 중 틀린 것은?
   ① 실속의 직접적인 원인은 과도한 받음각이다.
   ② 실속은 무게, 하중계수, 비행속도 또는 밀도고도에 관계없이 항상 다른 받음각에서 발생한다.
   ③ 임계 받음각을 초과할 수 있는 경우는 고속비행, 저속비행, 깊은 선회비행 등이다.
   ④ 선회비행 시 원심력과 무게의 조화에 의해 부과된 하중들이 상호 균형을 이루기 위한 추가적인 양력이 필요하다.

75. 속도계기상에 빨간색 선이 의미하는 것은?
   ① 기동 속도 ② 초과금지속도 ③ 주의 속도 ④ 경고 속도

76. 다음 비행장치에 작용하는 양력과 중력의 방향 설명 시 올바르지 않는 것은?
① 양력과 중력의 크기가 동일하면 Hovering이 된다.
② 중력이 커지면 착륙이 된다.
③ 양력이 커지면 이륙이 된다.
④ 양력이 커지면 착륙이 된다.

77. 헬리콥터 또는 회전익 비행장치의 특성으로 맞지 않는 것은?
① 제자리, 측/후방 비행이 가능하다.
② 엔진 정지시 자동활공이 가능하다.
③ 동적으로 불안하다.
④ 최저 속도를 제한한다.

78. 영각(받음각)에 대한 설명 중 다른 것은?
① Airfoil의 익현선과 합력 상대풍의 사이 각
② 취부각(붙임각)의 변화 없이도 변화될 수 있다.
③ 양력과 항력의 크기를 결정하는 중요한 요소
④ 영각(받음각)이 커지면 양력이 작아지고 영각이 작아지면 양력이 커진다.

79. 유관을 통과하는 완전유체의 유입량과 유출량은 항상 일정하다는 법칙은?
① 가속도의 법칙
② 관성의 법칙
③ 작용반작용의 법칙
④ 연속의 법칙

80. 항공기에 작용하는 세 개의 축이 교차되는 곳은 어디인가?
① 무게 중심
② 압력 중심
③ 가로축의 중간지점
④ 세로축의 중간지점

81. 지면효과를 통상 가장 많이 받을 수 있는 고도는?
① 지표면 위의 비행기 날개폭의 절반 이하
② 지표면 위의 비행기 날개폭의 2배 고도
③ 비행기 날개폭의 4배 고도
④ 비행기 날개폭의 5배 고도

82. 고유의 안정성이란 무엇을 의미하는가?
① 이착륙 성능이 좋다.
② 실속이 되기 어렵다.
③ 스핀이 되지 않는다.
④ 조종이 보다 용이하다.

83. 다음 중 유도기류의 설명이다. 맞는 것은?
① 취부각(붙임각)이 "0"일 때 Airfoil을 지나는 기류는 상, 하로 흐른다.
② 취부각의 증가로 영각(받음각)이 증가하면 공기는 위로 가속하게 된다.
③ 공기가 로터 블레이드의 움직임에 의해 변화된 하강기류를 말한다.
④ 유도기류 속도는 취부 각이 증가하면 감소한다.

84. 수평 선회 중에 속도가 증가하였다면 고도를 유지시키기 위한 방법은?
① 받음각과 경사각을 감소시킨다.
② 받음각과 경사각이 증가되어야 한다.
③ 받음각이 증가되거나 경사각이 감소되어야 한다.
④ 받음각이 감소되거나 경사각이 증가되어야 한다.

85. 다음 중 공중조작 중 선회비행에 대한 설명으로 다른 것은?
① 선회비행을 위해서는 선회하고자 하는 방향으로 경사시키는데 이를 선회경사각으로 롤 인(roll in)한다고 한다.
② 선회가 끝나고 직선비행으로 되돌아오는 경우를 롤 아웃(roll out)한다.
③ 선회비행 시 정확한 선회경사각을 설정하지 못하면 side slip을 하게 된다.
④ 선회 중 양력은 수직양력분력과 수평양력분력으로 분리되며, 수직양력 분력은 무게와 같은 방향으로 작용한다.

86. 상대풍의 설명 중 올바르지 않은 것은?
① Airfoil에 상대적인 공기의 흐름이다.
② Airfoil의 움직임에 의해 상대풍의 방향은 변하게 된다.
③ Airfoil의 방향에 따라 상대풍의 방향도 달라지게 된다.
④ Airfoil이 위로 이동하면 상대풍도 위로 향하게 된다.

87. 다음 중 무인회전익비행장치가 고정익형 무인비행기와 비행특성이 가장 다른 점은?

① 우선회 비행 ② 제자리 비행
③ 좌선회 비행 ④ 전진비행

88. 아래 설명은 어떤 원리에 해당하는가?

> 메인 로터와 테일 로터의 상관관계
> - 동축 헬리콥터의 아래 부분 로터는 시계방향으로 회전하고, 윗 부분 로터는 반시계 방향으로 회전한다.
> - 종렬식 헬리콥터의 앞 부분 로터는 시계방향으로 회전하고 뒷 부분 로터는 반시계 방향으로 회전한다.
> - 멀티콥터의 옆쪽 로터는 반시계 방향으로 회전한다.

① 토크 상쇄 ② 전이성향 해소
③ 횡단류 효과 억제 ④ 양력 불균형 해소

89. 비행장치의 스핀(spin)으로부터 정상회복을 시키려면 어떤 상태에 있을 때 가장 어려워지는가?

① CG가 너무 전방에 있고 회전이 CG주위에 있을 때
② CG가 너무 후방에 있고 회전이 세로축 주위에 있을 때
③ CG가 너무 후방에 있고 회전이 CG주위일 때
④ 스핀이 실속이 완전히 발달하기 전에 진입할 때

90. 항공기 날개의 상하부를 흐르는 공기의 압력차에 의해 발생하는 압력의 원리는?

① 작용-반작용의 법칙 ② 가속도의 법칙
③ 베르누이의 정리 ④ 관성의 법칙

91. 다음 중 베르누이 정리에 의한 압력과 속도와의 관계는?

① 압력증가, 속도 증가 ② 압력증가, 속도 감소
③ 압력증가, 속도 일정 ④ 압력감소, 속도 일정

92. 로터에 대한 설명 중 틀린 것은?

① 익근의 꼬임각이 익단의 꼬임각보다 작게 한다.

② 길이에 따라 익근의 속도는 느리고 익단의 속도는 빠르게 회전한다.

③ 익근의 꼬임각이 익단의 꼬임각보다 크게 한다.

④ 익근과 익단의 꼬임각이 서로 다른 이유는 양력의 불균형을 해소하기 위함이다.

93. 회전익 엔진으로 부적절한 엔진은?

① 왕복엔진 ② 제트엔진 ③ 증기기관 ④ 로터리엔진

94. 무인헬리콥터의 T/R에 의한 방향 조종으로 맞는 것은?

① Collective 상, 하 ② Cyclic 전, 후

③ Cyclic 좌, 우 ④ Rudder 좌, 우

95. 무인헬리콥터의 고도를 상승하려는 조작은?

① Collective 상. 하 ② Cyclic 전, 후

③ Cyclic 좌, 우 ④ Rudder 좌, 우

96. 착륙 접근 중 안전에 문제가 있다고 판단하여 다시 이륙하는 것을 무엇이라 하는가?

① 하드랜딩 ② 복행 ③ 플로팅 ④ 바운싱

97. 운동하는 방향이 바뀌거나 다른 방향으로 옮겨지는 현상으로 토크작용과 토크작용을 상쇄하는 꼬리날개의 추진력이 복합되어 기체가 우측으로 편류하려고 하는 현상을 무엇이라 하는가?

① 전이성향 ② 전이 비행 ③ 횡단류 효과 ④ 지면효과

98. 다음 중 비행장치에 작용하는 힘의 방향(양력, 항력, 중력, 추력)과 속도와의 관계 설명 중 다른 것은?

① 항력은 속도의 제곱에 비례한다.

② 양력은 받음각이 증가하면 증가한다.

③ 중력은 속도에 비례한다.

④ 추력은 받음각의 영향을 받는다.

99. 25 kg의 비행장치가 60도 경사로 동 고도 선회 시 총 하중계수는 얼마인가?

① 25 kg ② 37.5 kg ③ 50 kg ④ 77.5 kg

100. 다음중 항공기와 무인비행장치에 작용하는 힘에 대한 설명 중 다른 것은?

① 양력의 크기는 속도의 제곱에 비례 한다.

② 항력은 비행기의 받음각에 따라 변한다.

③ 추력은 비행기의 받음각에 따라 변하지 않는다.

④ 중력은 속도에 비례한다.

3 초경량비행장치 무인멀티콥터 필기시험 (항공기상)

1. 3 km이내 수직운 에서 발생하는 구름의 종류는 어느 것인가?
   ① 권층운 ② 고층운 ③ 적운 ④ 층운

2. 3 km이내 수직운 에서 발생하는 구름의 종류는 어느 것인가?
   ① 권층운 ② 고층운 ③ 적란운 ④ 층운

3. 다음 중 수직으로 발달된 구름으로 강우가 예상되는 구름은?
   ① CU(적운) ② St(층운) ③ As(고층운) ④ Ci(권운)

4. 다음 구름의 종류 중 강수가 있는 구름은?
   ① Ac(고적운) ② Ns(난층운) ③ St층운) ④ Sc(층적운)

5. 다음 중 하층운 2 km미만의 구름은?
   ① St(층운) ② Cu(적운) ③ As(고층운) ④ Ci(권운)

6. 불안정한 공기가 존재하며 수직으로 발달한 구름이 아닌 것은?
   ① 권층운 ② 권적운 ③ 고적운 ④ 층적운

7. 상층운 구름이 아닌 것은?
   ① 권층운 ② 권적운 ③ 권운 ④ 고적운

8. 중층운 구름이 인 것은?
   ① 권층운 ② 권적운 ③ 권운 ④ 고적운

9. 하층운 구름이 아닌 것은?
① 층적운 ② 층운 ③ 난층운 ④ 고적운

10. 인공강우에 가장 많이 활용되는 화학물질이 아닌 것은?
① 옥화은 ② 드라이아이스 ③ 안개 입자 ④ 소금

11. 운량의 구분 시 1/8 ~ 5/8이하는?
① broken ② scattered ③ clear ④ overcast

12. 운량의 구분 시 5/8 ~ 7/8이하는?
① broken ② scattered ③ clear ④ overcast

13. 운량의 구분 시 8/8 은?
① broken ② scattered ③ clear ④ overcast

14. 운량의 구분 시 1/8이하는?
① broken ② scattered ③ clear ④ overcast

15. 뇌우와 함께 발생하지 않는 것은?
① 하강기류 ② 번개 ③ 안개 ④ 우박

16. 뇌우의 성숙단계 시 나타나는 현상이 아닌 것은?
① 번개와 천둥을 동반한다. ② 적란운 구름에서 발생한다.
③ 안개가 많이 발생 ④ 폭우, 우박을 발생한다.

17. 뇌우의 형성 조건이 아닌 것은 어느 것인가?
① 온난 다습한 공기가 하층에 존재 ② 강한 상승기류
③ 높은 고도까지 기층의 기온감률 ④ 강한 하강기류

18. 대기권 중 기상 변화가 발생하는 대기층은?
   ① 성층권 ② 중간권 ③ 열권 ④ 대류권

19. 대부분의 기상현상이 발생하는 대기의 층은?
   ① 대류권 ② 성층권 ③ 중간권 ④ 열권

20. 대기권에서 권계면이 존재하지 않는 대기층은?
   ① 성층권 계면 ② 열권 계면 ③ 대류권 계면 ④ 중간권 계면

21. 대기권 중 상승 할수록 온도가 떨어지는 층은 다음 어느 것인가?
   ① 성층권 ② 중간권 ③ 열권 ④ 대류권

22. 오존층이 존재하는 대기층은 다음 어느 것인가?
   ① 성층권 ② 중간권 ③ 열권 ④ 대류권

23. 평균높이 12 km이면서 높이가 대략 10 ~ 15 km 정도 되는 대기층은?
   ① 성층권 ② 중간권 ③ 열권 ④ 대류권

24. 제트기류, 청천난기류 또는 뇌우를 일으키는 대기층은 다음 어느 것인가?
   ① 성층권 ② 중간권 ③ 대류권 계면 ④ 중간권 계면

25. 늦봄, 초여름에 높새바람과 장마전선을 동반한 기단은?
   ① 오호츠크 해 기단 ② 양쯔 강 기단
   ③ 북태평양기단 ④ 적도기단

26. 봄과 가을에 따뜻하고 건조한 일기를 동반하는 기단은?
   ① 오호츠크 해 기단 ② 양쯔 강 기단
   ③ 북태평양기단 ④ 적도기단

27. 7 ~ 8월에 태풍과 함께 한반도에 영향을 주는 기단은?
① 오호츠크 해 기단 ② 양쯔 강 기단
③ 북태평양기단 ④ 적도기단

28. 한반도 초여름 장마기에 장마전선을 이루어 영향을 주는 기단은?
① 오호츠크 해 기단 ② 양쯔 강 기단
③ 북태평양기단 ④ 적도기단

29. 한반도 겨울에 영향을 주는 기단은?
① 오호츠크 해 기단 ② 시베리아기단
③ 북태평양기단 ④ 양쯔 강 기단

30. 한반도 여름에 영향을 주는 기단은?
① 오호츠크 해 기단 ② 시베리아기단
③ 북태평양기단 ④ 양쯔 강 기단

31. 한반도 영향을 주는 기단으로 대륙성 기단이라고도 하는 기단은?
① 오호츠크 해 기단 ② 시베리아기단
③ 북태평양기단 ④ 양쯔 강 기단

32. 지상 METAR 보고에서 바람 방향, 즉 풍향의 기준은 무엇인가?
① 자북 ② 진북 ③ 도북 ④ 자북과 도북

33. 바람에 대한 설명으로 틀린 것은?
① 풍속의 단위 NM/H(kt), SM/H(m/h), km/h, m/s 등을 사용한다.
② 풍향은 16방위로 표기한다.
③ 풍속은 공기가 이동한 거리와 시간의 비(比)이다.
④ 바람은 기압의 낮은 곳에서 높은 곳으로 흘러가는 공기의 흐림이다.

34. 바람이 생성되는 근본적인 원인이 무엇인지 적당한 것을 고르시오?

① 지구의 공전 ② 태양의 복사에너지의 불균형
③ 구름이동 ④ 대류와 난류 현상

35. 뷰포트 풍력계급중 산들바람(연풍)은 몇 단계 풍력계급인가?

① 1단계 ② 2단계 ③ 3단계 ④ 4단계

36. 뷰포트 풍력계급중 흔들바람(지풍)은 몇 단계 풍력계급인가?

① 4단계 ② 5단계 ③ 6단계 ④ 7단계

37. 태양복사에너지의 영향으로 발생한 것은?

① 안개 ② 바람 ③ 구름 ④ 태풍

38. 바람을 느끼고 나뭇잎이 흔들리기 시작할 때의 풍속은 어느 정도인가?

① 0.3~ 1.5 m/s ② 1.6 ~ 3.3 m/s
③ 3.4~5.4 m/s ④ 5.5 ~ 7.9 m/s

39. 다음 중 해륙풍에 대한 설명으로 맞는 것은?

① 여름철 해상에서 육지로 부는 바람
② 낮에 해상에서 육지로 부는 바람
③ 낮에 육지에서 바다로 부는 바람
④ 밤에 해상에서 육지로 부는 바람

40. 산곡풍과 해륙풍에 대한 설명 중 잘못 연결된 것은?

① 낮에 바다에서 육지로 부는 바람을 해륙풍이라 한다.
② 밤에 육지에서 바다로 부는 바람을 육풍이라 한다.
③ 낮에 골짜기에서 산 정상으로 부는 바람을 산바람이라 한다.
④ 밤에 산 정상에서 골짜기로 부는 바람을 산바람이라 한다.

41. 산바람에 대한 설명 중 잘못 연결된 것은?
   ① 밤에 산 정상에서 산 아래로 불어오는 바람이다.
   ② 낮에 산 정상에서 산 아래로 불어오는 바람이다.
   ③ 밤에 산 아래에서 산 정상으로 불어오는 바람이다.
   ④ 낮에 산 아래에서 산 정상으로 불어오는 바람이다.

42. 골바람에 대한 설명 중 잘못 연결된 것은?
   ① 밤에 산 정상에서 산 아래로 불어오는 바람이다.
   ② 낮에 산 정상에서 산 아래로 불어오는 바람이다.
   ③ 밤에 산 아래에서 산 정상으로 불어오는 바람이다.
   ④ 낮에 산 아래에서 산 정상으로 불어오는 바람이다.

43. 낮에는 바다에서 육지로 바람이 불고 밤에는 육지에서 바다로 부는 바람은?
   ① 해풍 ② 계절풍 ③ 해륙풍 ④ 국지풍

44. 지역별 태풍의 호칭이 틀린 것은?
   ① 극동지역: TYPHOON(태풍) ② 인도양지역: CYCLONE(싸이클론)
   ③ 북미지역: HURRICANE(허리케인) ④ 필리핀: WILLY WILLY

45. 태풍의 발달 단계에 대한 설명으로 맞는 것은?
   ① 열대 요란 -> 열대 폭풍 -> 열대 저기압 -> 태풍
   ② 열대 요란 -> 열대 저기압 -> 열대 폭풍 -> 태풍
   ③ 열대 폭풍 -> 열대 저기압 -> 열대 요란 -> 태풍
   ④ 열대 저기압 -> 열대 요란 -> 열대 폭풍 -> 태풍

46. 푄현상의 발생조건으로 잘못된 것은?
   ① 지형석 상승현상 ② 습한 공기
   ③ 건조하고 습윤단열감률 ④ 건조한 공기

47. 다음 중 안개에 대한 설명 중 틀린 것은?
   ① 안개의 생성원인은 대기 속에서 수증기가 응결되는 현상
   ② 기온이 0℃이하가 되면 승화하여 빙무가 된다.
   ③ 수평가시거리가 3 km이하이다.
   ④ 박무와 연무는 시정거리 1 km이상으로 대기 중 물방울의 존재를 인식한다.

48. 다음은 안개에 관한 설명이다. 틀린 것은?
   ① 아주 작은 물방울이나 빙정들이 대기 중에 떠 있는 현상이다.
   ② 수평가시거리가 3 km이하이다.
   ③ 수평가시거리가 1 km미만이다.
   ④ 습도가 거의 100%이다.

49. 안개의 생성원인은 대기 중에서 수중기가 응결되어야 하는데 이때 수증기 응결조건이 아닌 것은?
   ① 공기 중에 수증기가 다량 함유 되어야 한다.
   ② 건조한 공기가 많아야 한다.
   ③ 공기가 노점온도 이하로 냉각되어야 한다.
   ④ 공기 중 흡습성 미립자가 많아야 한다.

50. 안개의 생성원인은 대기 중에서 수중기가 응결되어야 하는데 이때 수증기 응결조건이 아닌 것은?
   ① 바깥에서 공기 속으로 많은 수증기가 유입되어야 한다.
   ② 건조한 공기가 많아야 한다.
   ③ 바람이 약하고 상공에 기온의 역전이 있어야 한다.
   ④ 공기 중 흡습성 미립자가 많아야 한다.

51. 안개의 소멸 조건이 아닌 것은?
   ① 지표면이 따뜻해져 지표면 부근의 기온이 역전이 해소 될 때이다.
   ② 공기중 다량의 습기를 가지고 있어야한다.
   ③ 지표면 부근 바람이 강해져 난류에 의한 수직 방향 혼합으로 상승할 때이다.
   ④ 공기가 사면을 따라 하강하여 기온이 올라감에 따라 입자가 증발할 때이다.

52. 야간에 지형적인 복사가 표면을 냉각시키고 표면 위의 공기를 노점까지 냉각될 때 응결에 의해 형성되는 안개?

① 증기안개 ② 이류안개 ③ 복사안개 ④ 활승안개

53. 안개의 시정거리조건은?

① 1 km 미만 ② 2 km 미만 ③ 3 km 미만 ④ 4 km 미만

54. 차가운 공기가 따뜻한 수면으로 이동하면서 충분한 양의 수분이 증발하여 수면 바로 위의 공기층을 포화시켜 발생하는 안개는?

① 증기안개 ② 이류안개 ③ 증기안개 ④ 활승안개

55. 습윤하고 온난한 공기가 한랭한 육지나 수면으로 이동해 오면 하층부터 냉각되어 공기속의 수증기가 응결되어 생기는 안개는?

① 증기안개 ② 이류안개 ③ 증기안개 ④ 활승안개

56. 습한 공기가 산 경사면을 타고 상승하면서 팽창함에 따라 공기가 노점 이하로 단열 냉각되면서 발생하는 안개는?

① 증기안개 ② 이류안개 ③ 증기안개 ④ 활승안개

57. 안개를 구성하는 입자가 작은 얼음의 결정인 경우 발생하는 안개는?

① 증기안개 ② 이류안개 ③ 증기안개 ④ 얼음안개

58. 다음 중 착빙에 관한 설명 중 틀린 것은?

① 물체의 표면에 얼음이 달라붙거나 덮여지는 현상이다.

② 0℃이하에서 대기에 노출된 항공기 날개나 동체 등에 얼음 막을 형성하는 현상이다.

③ 양력을 감소시킨다.

④ 양력을 증가시킨다.

59. 기체에 착빙이 발생할 경우 기체에 작용한 힘의 변화가 틀린 것은?

① 중력 증가 ② 중력 감소 ③ 양력 감소 ④ 항력 증가

60. 착빙의 종류 중 백색의 얇고 부드러운 특징을 갖는 착빙은?
① 싸락눈 ② 거친 착빙 ③ 서리 ④ 맑은 착빙

61. 착빙의 종류 중 백색, 우유 빛, 불투명, 부서지기 쉬운 특징을 갖는 착빙은?
① 싸락눈 ② 거친 착빙 ③ 서리 ④ 맑은 착빙

62. 착빙의 종류 중 투명, 견고함, 매끄러운 특징을 갖는 착빙은?
① 싸락눈 ② 거친 착빙 ③ 서리 ④ 맑은 착빙

63. 다음 중 1기압 표시하는 단위가 아닌 것은 ?
① 760 ㎜hg ② 760 Torr ③ 29.9213 inHg ④ 2013 mbar

64. 다음 중 1기압 표시하는 단위가 아닌 것은 ?
① 101,300 Pa ② 1013 hPa ③ 1.033 kg/㎠ ④ 2013 mbar

65. 국제민간항공기구(ICAO) 표준 대기압이 아닌 것은?
① 해수면 표준기압 : 29.92 inchHg
② 해수면 표준기압 : 29.92 mmHg
③ 해수면 표준기압 : 29.92 Torr
④ 해수면 표준기압 : 29.92 mbar

66. 국제민간항공기구(ICAO) 표준 기온이 아닌 것은?
① 해수면 표준기온 : 15℃
② 해수면 표준기온 : 20℃
③ 해수면 표준기온 : 25℃
④ 해수면 표준기온 : 30℃

67. 국제민간항공기구(ICAO) 기온감률이 아닌 것은?
① 기온감률 : 2℃ / 1,000 ft ② 기온감률 : 4℃ / 1,000 ft
③ 기온감률 : 6℃ / 1,000 ft ④ 기온감률 : 8℃ / 1,000 ft

68. 현재 지상기온이 31℃ 일 때 3,000 ft 상공의 기온은 ?

① 25℃ ② 37℃ ③ 29℃ ④ 34℃

69. 현재 지상기온이 20℃ 일 때 3,000 ft 상공의 기온은 ?

① 14℃ ② 16℃ ③ 18℃ ④ 20℃

70. 일기도상 등압선이 좁은 곳에서 발생하는 현상은?

① 무풍 지역 ② 태풍 지역 ③ 강한 바람 ④ 약한 바람

71. 일기도상 등압선이 넓은 곳에서 발생하는 현상은?

① 돌개바람 ② 태풍 지역 ③ 강한 바람 ④ 약한 바람

72. 북반구에서 고기압에 대한 설명으로 틀린 것은?

① 기압이 높은 곳에서 낮은 곳으로 시계방향으로 불어간다.
② 기압이 낮은 곳에서 높은 곳으로 시계방향으로 불어간다.
③ 기압이 높은 곳에서 낮은 곳으로 반시계방향으로 불어간다.
④ 기압이 낮은 곳에서 높은 곳으로 반시계방향으로 불어간다.

73. 남반구에서 고기압에 대한 설명으로 틀린 것은?

① 기압이 높은 곳에서 낮은 곳으로 시계방향으로 불어간다.
② 기압이 낮은 곳에서 높은 곳으로 시계방향으로 불어간다.
③ 기압이 높은 곳에서 낮은 곳으로 반시계방향으로 불어간다.
④ 기압이 낮은 곳에서 높은 곳으로 반시계방향으로 불어간다.

74. 북반구에서 저기압에 대한 설명으로 틀린 것은?

① 주변보다 상대적으로 기압이 낮은 부분으로 반시계방향으로 불어간다.
② 주변보다 상대적으로 기압이 높은 부분으로 반시계방향으로 불어간다.
③ 주변보다 상대적으로 기압이 낮은 부분으로 시계방향으로 불어간다.
④ 주변보다 상대적으로 기압이 높은 부분으로 반시계방향으로 불어간다.

75. 남반구에서 저기압에 대한 설명으로 틀린 것은?
① 주변보다 상대적으로 기압이 낮은 부분으로 반시계방향으로 불어간다.
② 주변보다 상대적으로 기압이 높은 부분으로 반시계방향으로 불어간다.
③ 주변보다 상대적으로 기압이 낮은 부분으로 시계방향으로 불어간다.
④ 주변보다 상대적으로 기압이 높은 부분으로 반시계방향으로 불어간다.

76. 북반구 고기압과 저기압의 회전방향으로 오른 것은?
① 고기압-시계방향, 저기압-시계방향
② 고기압-시계방향, 저기압-반시계방향
③ 고기압-반시계방향, 저기압-시계방향
④ 고기압-반시계방향, 저기압-반시계방향

77. 북반구에서 고기압에 대한 설명으로 틀린 것은?
① 시계방향으로 불어 나감
② 시계방향으로 불어 들어옴
③ 중심부에 하강기류 발생
④ 구름소멸하고 날씨 맑음

78. 북반구에서 저기압에 대한 설명으로 틀린 것은?
① 시계방향으로 불어 나감
② 시계방향으로 불어 들어옴
③ 중심부에 상승기류 발생
④ 구름생성하고 날씨 흐림

79. 한랭고기압과 온난고기압에 대한 설명으로 틀린 것은?
① 한랭고기압의 상공은 저기압 영역이다.
② 한랭고기압의 상공은 고기압 영역이다.
③ 온난고기압의 상공은 고기압 영역이다.
④ 온난고기압의 상공은 전체적으로 구름이 사라지고 날씨는 맑아진다.

80. 다음 중 기상 7대 요소는 무엇인가?
① 기압, 기온, 습도, 구름, 강수, 바람, 시정
② 기압, 전선, 기온, 습도, 구름, 강수, 바람
③ 해수면, 전선, 기온, 난기류, 시정, 바람, 습도
④ 기압, 기온, 대기, 안정성, 해수면, 바람, 시정

81. 대한민국의 해수면의 높이를 "0"으로 선정한다. 해수면의 기준이 되는 지역은?
① 인천만 ② 순천만 ③ 영일만 ④ 부산만

82. 지구자전축이 지나는 북쪽으로 북극성이 향하는 실제의 북쪽은?
① 자북 ② 진북 ③ 도북 ④ 가북

83. 가열된 공기와 냉각된 공기의 수직 순환 형태를 무엇이라고 하는가?
① 복사 ② 대류 ③ 전도 ④ 증발

84. 물체의 직접 접촉에 의해서 열에너지가 전달되는 과정을 무엇이라고 하는가?
① 복사 ② 대류 ③ 전도 ④ 증발

85. 대기의 기체 중 가장 많은 성분은?
① 수소 ② 산소 ③ 질소 ④ 헬륨

86. 물질의 온도가 증가함에 따라 열에너지를 흡수할 수 있는 양을 의미하는 것은?
① 열량 ② 비열 ③ 현열 ④ 잠열

87. 물질 1 g의 온도를 1℃ 올리는데 요구되는 열을 의미하는 것은?
① 열량 ② 비열 ③ 현열 ④ 잠열

88. 일반적으로 온도계에 의해서 측정된 온도를 의미하는 것은?
① 열량 ② 비열 ③ 현열 ④ 잠열

89. 물질의 상위 상태로 변화시키는데 요구되는 열에너지를 의미하는 것은?
① 열량 ② 비열 ③ 현열 ④ 잠열

90. 소나기나 뇌우, 우박 등 궂은 날씨를 동반하는 전선을 무슨 전선인가?
① 한랭전선 ② 온난전선 ③ 정체전선 ④ 폐색전선

91. 남쪽 따뜻한 공기가 우세하여 북쪽의 찬 공기를 밀면서 진행하는 전선은?
① 정체 전선 ② 한랭 전선 ③ 폐색 전선 ④ 온난 전선

92. 한랭전선이 온난전선을 추월하게 될 때 발생하는 전선은?
① 정체 전선 ② 한랭 전선 ③ 폐색 전선 ④ 온난 전선

93. 찬 공기가 따뜻한 공기의 세력과 비슷할 때 전선이 이동하지 않고 오랫동안 같은 장소에 정체할 때 생성하는 전선으로 장마전선이 대표적이다. 이 전선은?
① 정체 전선 ② 한랭 전선 ③ 폐색 전선 ④ 온난 전선

94. 난기류(Turbulence)를 발생하는 주요인이 아닌 것은?
① 안정된 대기 상태
② 공기의 흐름을 저해하는 장애물
③ 항공기에서 발생하는 후류
④ 공기의 불규칙적 현상

95. 난류의 원인이 아닌 것은?
① 지형의 효과
② 풍속의 변화
③ 지표 온도차
④ 안정된 대기

96. 난류의 강도의 구분으로 잘 못된 것은?
① 약한 난류 ② 보통 난류 ③ 심한 난류 ④ 가벼운 난류

97. 항공기 조종에 크게 영향을 미치지 않으며 비행 방향유지에 지장이 없는 상태의 난류는?
① 약한 난류 ② 보통 난류 ③ 심한 난류 ④ 가벼운 난류

98. 항공기가 슬립, 피칭, 롤링을 느낄 수 있으며 상당한 동요를 느끼는 상태의 난류는?
① 약한 난류 ② 보통 난류 ③ 심한 난류 ④ 가벼운 난류

99. 항공기는 조종이 곤란하고 좌석벨트를 착용해도 정 자세가 유지가 어려운 상태의 난류는?
① 약한 난류 ② 보통 난류 ③ 심한 난류 ④ 가벼운 난류

100. 항공기가 심하게 튀거나 조종 불가능한 상태의 난류는?
① 약한 난류 ② 보통 난류 ③ 심한 난류 ④ 극히 심한 난류

4 초경량비행장치 무인멀티콥터 필기시험 (항공법규)

1. 항공안전법 행정규칙 제4조(초경량비행장치조종자의 자격기준) 법 제125조제1항의 규정에 의한 초경량비행장치조종자 자격기준은 연령은?

① 만12세 ② 만13세 ③ 만14세 ④ 만15세

2. 항공안전법 행정규칙 제4조의2(초경량비행장치 비행시간 증명 등) 「항공사업법」 제48조제1항에 따라 등록된 사업체로서 같은 법 시행규칙 제6조제2항제4호의 사업을 하는 자는 교관 및 교육생의 출결관리 방법은?

① 수기 ② 전자출결시스템
③ 유선보고 ④ 무선보고

3. 항공안전법 제1조 목적은?

① 초경량비행장치가 안전하게 항행
② 생명과 재산을 보호
③ 항공기술 발전
④ 항공사업 활성화

4. 항공안전법 제2조에서 명시하는 항공기와 경량항공기 외에 공기의 반작용으로 뜰 수 있는 장치가 아닌 것은?

① 동력비행장치 ② 행글라이더
③ 무인비행장치 ④ 헬리콥터

5. 항공안전법 제2조에서 명시하는"국가기관등 항공기"로서 해당하는 업무가 아닌 것은?

① 군용
② 재난 · 재해 등으로 인한 수색(搜索) · 구조
③ 산불의 진화 및 예방
④ 응급환자의 후송 등 구조 · 구급활동

6. 항공안전법 제2조에서 명시하는 “ 항공업무 ”란?
   ① 항공기의 운항　　② 항공교통관제
   ③ 항공기의 운항관리 업무　　④ 항공기 조종연습

7. 항공안전법 제2조에서 명시하는 “초경량비행장치사고”가 아닌 것은?
   ① 초경량비행장치에 의한 사람의 사망, 중상 또는 행방불명
   ② 초경량비행장치의 추락, 충돌 또는 화재 발생
   ③ 초경량비행장치의 위치를 확인할 수 없거나 초경량비행장치에 접근이 불가능한 경우
   ④ 초경량비행장치의 고장

8. 항공안전법 제35조(자격증명의 종류) 자격증명의 종류?
   ① 운송용 조종사　　② 사업용 조종사
   ③ 자가용 조종사　　④ 항공교통관리사

9. 항공안전법 제35조(자격증명의 종류) 자격증명의 종류?
   ① 부조종사　　② 항공사　　③ 항공기관사　　④ 항공교통관리사

10. 항공안전법 제35조(자격증명의 종류) 자격증명의 종류?
   ① 항공교통관제사　② 항공정비사　　③ 운항관리사　　④ 항공교통관리사

11. “국토교통부령으로 정하는 초경량비행장치”란?
   ① 동력비행장치　　② 낙하산류(항공레저스포츠사업에 사용되는 것만 해당한다)
   ③ 유인자유기구　　④ 헬리콥터

12. “국토교통부령으로 정하는 초경량비행장치”란?
   ① 회전익비행장치　　② 무인비행장치
   ③ 동력패러글라이더　　④ 헬리콥터

13. 국토교통부령으로 정하는 초경량비행장치 中 무인비행장치가 아닌 것은?
   ① 무인비행기 중에서 연료의 중량을 포함한 최대이륙중량이 240그램 이하
   ② 무인헬리콥터 중에서 연료의 중량을 포함한 최대이륙중량이 250그램 이하
   ③ 무인멀티콥터 중에서 연료의 중량을 포함한 최대이륙중량이 260그램 이하
   ④ 무인멀티콥터 중에서 연료의 중량을 포함한 최대이륙중량이 270그램 이하

14. 무인비행선 中 국토교통부령으로 정하는 초경량비행장치인 것은?
   ① 연료의 중량을 제외한 자체중량이 12킬로그램 이하이고, 길이가 7미터 이하인 것
   ② 연료의 중량을 제외한 자체중량이 12킬로그램 이하 또는 길이가 7미터 이하인 것
   ③ 연료의 중량을 제외한 자체중량이 25킬로그램 이하이고, 길이가 7미터 이하인 것
   ④ 연료의 중량을 제외한 자체중량이 25킬로그램 이하 또는 길이가 8미터 이하인 것

15. 초경량비행장치 조종자증명기관은 법 제125조제1항 후단에 따른 승인을 신청하는 경우 누구에게 관련서류를 제출하여야 하는가?
   ① 국토교통부장관　　② 지방항공청장
   ③ 도로교통공단이사장　　④ 항공안전기술원장

16. 초경량비행장치 조종자증명기관은 법 제125조제1항 후단에 따른 승인을 신청하는 경우 포함되는 사항이 아닌 것은?
   ① 초경량비행장치 조종자 증명 시험의 응시자격
   ② 초경량비행장치 조종자 증명 시험의 과목 및 범위
   ③ 초경량비행장치 조종자 증명 시험의 실시 방법과 절차
   ④ 초경량비행장치 조종자 증명 시험의 비용

17. 무인동력비행장치별로 구분 기준이 아닌 것은?
   ① 2종 무인동력비행장치　　② 3종 무인동력비행장치
   ③ 4종 무인동력비행장치　　④ 5종 무인동력비행장치

18. 1종 무인동력비행장치 자격 기준은?
① 최대이륙중량이 12킬로그램을 초과하고 연료의 중량을 제외한 자체중량이 100킬로그램 이하인 무인동력비행장치
② 최대이륙중량이 20킬로그램을 초과하고 연료의 중량을 제외한 자체중량이 150킬로그램 이하인 무인동력비행장치
③ 최대이륙중량이 25킬로그램을 초과하고 연료의 중량을 제외한 자체중량이 150킬로그램 이하인 무인동력비행장치
④ 최대이륙중량이 30킬로그램을 초과하고 연료의 중량을 제외한 자체중량이 100킬로그램 이하인 무인동력비행장치

19. 1종 무인동력비행장치 자격 기준은?
① 최대이륙중량이 12킬로그램을 초과 또는 연료의 중량을 제외한 자체중량이 100킬로그램 이하인 무인동력비행장치
② 최대이륙중량이 12킬로그램을 초과하고 연료의 중량을 제외한 자체중량이 150킬로그램 이하인 무인동력비행장치
③ 최대이륙중량이 25킬로그램을 초과 또는 연료의 중량을 제외한 자체중량이 100킬로그램 이하인 무인동력비행장치
④ 최대이륙중량이 25킬로그램을 초과하고 연료의 중량을 제외한 자체중량이 150킬로그램 이하인 무인동력비행장치

20. 2종 무인동력비행장치 자격 기준은?
① 최대이륙중량이 5킬로그램을 초과하고 10킬로그램 이하인 무인동력비행장치
② 최대이륙중량이 5킬로그램을 초과하고 25킬로그램 이하인 무인동력비행장치
③ 최대이륙중량이 7킬로그램을 초과하고 25킬로그램 이하인 무인동력비행장치
④ 최대이륙중량이 7킬로그램을 초과하고 10킬로그램 이하인 무인동력비행장치

21. 2종 무인동력비행장치 자격 기준은?
① 최대이륙중량이 7킬로그램을 또는 25킬로그램 이하인 무인동력비행장치
② 최대이륙중량이 7킬로그램을 초과하고 25킬로그램 이하인 무인동력비행장치
③ 최대이륙중량이 5킬로그램을 또는 25킬로그램 이하인 무인동력비행장치
④ 최대이륙중량이 5킬로그램을 초과하고 25킬로그램 이하인 무인동력비행장치

22. 3종 무인동력비행장치 자격 기준은?
    ① 최대이륙중량이 1킬로그램을 초과하고 7킬로그램 이하인 무인동력비행장치
    ② 최대이륙중량이 2킬로그램을 초과하고 7킬로그램 이하인 무인동력비행장치
    ③ 최대이륙중량이 3킬로그램을 초과하고 7킬로그램 이하인 무인동력비행장치
    ④ 최대이륙중량이 4킬로그램을 초과하고 7킬로그램 이하인 무인동력비행장치

23. 3종 무인동력비행장치 자격 기준은?
    ① 최대이륙중량이 2킬로그램을 또는 7킬로그램 이하인 무인동력비행장치
    ② 최대이륙중량이 2킬로그램을 초과하고 7킬로그램 이하인 무인동력비행장치
    ③ 최대이륙중량이 2킬로그램을 초과하고 5킬로그램 이하인 무인동력비행장치
    ④ 최대이륙중량이 2킬로그램을 또는 5킬로그램 이하인 무인동력비행장치

24. 4종 무인동력비행장치 자격 기준은?
    ① 최대이륙중량이 150그램을 초과하고 4킬로그램 이하인 무인동력비행장치
    ② 최대이륙중량이 150그램을 초과하고 4킬로그램 이하인 무인동력비행장치
    ③ 최대이륙중량이 250그램을 초과하고 2킬로그램 이하인 무인동력비행장치
    ④ 최대이륙중량이 250그램을 초과하고 2킬로그램 이하인 무인동력비행장치

25. 4종 무인동력비행장치 자격 기준은?
    ① 최대이륙중량이 150그램을 또는 4킬로그램 이하인 무인동력비행장치
    ② 최대이륙중량이 150그램을 초과하고 4킬로그램 이하인 무인동력비행장치
    ③ 최대이륙중량이 250그램을 또는 2킬로그램 이하인 무인동력비행장치
    ④ 최대이륙중량이 250그램을 초과하고 2킬로그램 이하인 무인동력비행장치

26. 항공안전법 시행규칙 제5조(초경량비행장치의 기준) 「항공안전법」 제2조제3호에서 “자체중량, 좌석 수 등 국토교통부령으로 정하는 기체가 아닌 것은?
    ① 동력비행장치 ② 행글라이더
    ③ 패러글라이더 ④ 헬리콥터

27. 항공안전법 시행규칙 제5조(초경량비행장치의 기준) 「항공안전법」 제2조제3호에서 “자체중량, 좌석 수 등 국토교통부령으로 정하는 기체가 아닌 것은?

① 낙하산류
② 동력패러글라이더
③ 회전익비행장치
④ 헬리콥터

28. 항공안전법 시행규칙 제5조(초경량비행장치의 기준) 「항공안전법」 제2조제3호에서 동력비행장치에 대한 설명은?

① 탑승자, 연료 및 비상용 장비의 중량을 제외한 자체중량이 110킬로그램 이하일 것
② 탑승자, 연료 및 비상용 장비의 중량을 제외한 자체중량이 115킬로그램 이하일 것
③ 탑승자, 연료 및 비상용 장비의 중량을 제외한 자체중량이 120킬로그램 이하일 것
④ 탑승자, 연료 및 비상용 장비의 중량을 제외한 자체중량이 125킬로그램 이하일 것

29. 항공안전법 시행규칙 제5조(초경량비행장치의 기준) 「항공안전법」 제2조제3호에서 동력비행장치에 대한 설명은?

① 좌석이 없을 것
② 좌석이 2개 이상 일 것
③ 좌석이 1개 이상 일 것
④ 좌석이 1개일 것

30. 항공안전법 시행규칙 제5조(초경량비행장치의 기준) 「항공안전법」 제2조제3호에서 행글라이더에 대한 설명은?

① 탑승자 및 비상용 장비의 중량을 제외한 자체중량이 50킬로그램 이하로서 체중이동, 타면조종 등의 방법으로 조종하는 비행장치
② 탑승자 및 비상용 장비의 중량을 제외한 자체중량이 60킬로그램 이하로서 체중이동, 타면조종 등의 방법으로 조종하는 비행장치
③ 탑승자 및 비상용 장비의 중량을 제외한 자체중량이 70킬로그램 이하로서 체중이동, 타면조종 등의 방법으로 조종하는 비행장치
④ 탑승자 및 비상용 장비의 중량을 제외한 자체중량이 80킬로그램 이하로서 체중이동, 타면조종 등의 방법으로 조종하는 비행장치

31. 항공안전법 시행규칙 제5조(초경량비행장치의 기준) 「항공안전법」 제2조제3호에서 패러글라이더에 대한 설명은?
   ① 탑승자 및 비상용 장비의 중량을 제외한 자체중량이 70킬로그램 이하로서 날개에 부착된 줄을 이용하여 조종하는 비행장치
   ② 탑승자 및 비상용 장비의 중량을 제외한 자체중량이 80킬로그램 이하로서 날개에 부착된 줄을 이용하여 조종하는 비행장치
   ③ 탑승자 및 비상용 장비의 중량을 제외한 자체중량이 90킬로그램 이하로서 날개에 부착된 줄을 이용하여 조종하는 비행장치
   ④ 탑승자 및 비상용 장비의 중량을 제외한 자체중량이 100킬로그램 이하로서 날개에 부착된 줄을 이용하여 조종하는 비행장치

32. 항공안전법 시행규칙 제5조(초경량비행장치의 기준) 「항공안전법」 제2조제3호에서 무인동력비행장치에 대한 설명은?
   ① 연료의 중량을 제외한 자체중량이 130킬로그램 이하인 무인비행기, 무인헬리콥터 또는 무인멀티콥터
   ② 연료의 중량을 제외한 자체중량이 140킬로그램 이하인 무인비행기, 무인헬리콥터 또는 무인멀티콥터
   ③ 연료의 중량을 제외한 자체중량이 150킬로그램 이하인 무인비행기, 무인헬리콥터 또는 무인멀티콥터
   ④ 연료의 중량을 제외한 자체중량이 160킬로그램 이하인 무인비행기, 무인헬리콥터 또는 무인멀티콥터

33. 항공안전법 시행규칙 제5조(초경량비행장치의 기준) 「항공안전법」 제2조제3호에서 동력비행장치에 대한 설명은?
   ① 탑승자, 연료 및 비상용 장비의 중량을 제외한 자체중량이 115킬로그램 이하일 것, 좌석이 1개일 것
   ② 탑승자, 연료 및 비상용 장비의 중량을 제외한 자체중량이 125킬로그램 이하일 것, 좌석이 2개일 것
   ③ 탑승자, 연료 및 비상용 장비의 중량을 제외한 자체중량이 150킬로그램 이하일 것, 좌석이 1개일 것
   ④ 탑승자, 연료 및 비상용 장비의 중량을 제외한 자체중량이 115킬로그램 이하일 것, 좌석이 1개일 것

34. 항공안전법 시행규칙 제5조(초경량비행장치의 기준) 「항공안전법」 제2조제3호에서 행글라이더에 대한 설명은?

① 탑승자, 연료 및 비상용 장비의 중량을 제외한 자체중량이 50킬로그램 이하

② 탑승자, 연료 및 비상용 장비의 중량을 제외한 자체중량이 60킬로그램 이하

③ 탑승자, 연료 및 비상용 장비의 중량을 제외한 자체중량이 70킬로그램 이하

④ 탑승자, 연료 및 비상용 장비의 중량을 제외한 자체중량이 80킬로그램 이하

35. 항공안전법 시행규칙 제5조(초경량비행장치의 기준) 「항공안전법」 제2조제3호에서 기구류 종류가 아닌 것은?

① 유인자유기구

② 무인자유기구(기구 외부에 2킬로그램 이상의 물건을 매달고 비행하는 것만 해당한다. 이하 같다)

③ 계류식(繫留式)기구

④ 무인자유기구(기구 외부에 4킬로그램 이상의 물건을 매달고 비행하는 것만 해당한다. 이하 같다)

36. 항공안전법 시행규칙 제5조(초경량비행장치의 기준) 「항공안전법」 제2조제3호에서 회전익비행장치는?

① 헬리콥터(동력비행장치 조건을 갖춘) ② 헬리콥터

③ 무인멀티콥터 ④ 자이로플랜

37. 항공법 시행규칙 제14조(초경량비행장치의 범위 등) 「항공안전법」 제2조제28호에서 무인비행장치의 정의?

① 사람이 탑승하지 아니하는 것으로서 연료의 중량을 제외한 자체 중량이 150킬로그램 이하인 무인비행기

② 사람이 탑승하지 아니하는 것으로서 연료의 중량을 제외한 자체 중량이 110킬로그램 이하인 무인회전익비행장치

③ 사람이 탑승하지 아니하는 것으로서 연료의 중량을 제외한 자체 중량이 150킬로그램 이하이고 길이가 20미터 이하인 무인비행선

④ 사람이 탑승하지 아니하는 것으로서 연료의 중량을 제외한 자체 중량이 180킬로그램 이하이고 길이가 10미터 이하인 무인비행선

38. 항공안전법 제122조(초경량비행장치 신고) 의 초경량비행장치 신고자는?
① 소유하거나 사용할 수 있는 권리가 있는 자
② 임차하거나 판매하려고 하는 자
③ 사용 할 려고 하는 모든 자
④ 초경량비행창지 개발 및 연구하려는 자

39. 항공안전법 제122조(초경량비행장치 신고) 의 초경량비행장치 신고는 누구에게?
① 국토교통부장관 ② 지방항공청장
③ 도로교통공단이사장 ④ 항공안전기술원장

40. 항공안전법 제122조(초경량비행장치 신고) 의 초경량비행장치 신고는 국토교통부장관은 제1항 본문에 따른 신고를 받은 날부터 몇 일 내에 신고수리 여부를 신고인에게 통지하여야 하는가? 〈신설 2020. 6. 9.〉
① 7일 ② 14일 ③ 5일 ④ 20일

41. 항공안전법 제122조(초경량비행장치 신고) 의 초경량비행장치 신고 접수 후 정한 기간 내에 신고수리 여부 또는 민원 처리 관련 법령에 따른 처리기간의 연장을 신고인에게 통지하지 아니하면 어떻게 되는가? 〈신설 2020. 6. 9.〉
① 그 기간이 끝난 날의 다음 날에 신고를 수리한 것으로 본다.
② 그 기간이 끝난 날의 다음 날에 재접수 한다.
③ 그 기간이 끝난 날의 다음 날에 1회에 한에 15일 재 연장한 것으로 본다.
④ 그 기간이 끝난 날의 다음 날에 1회에 한에 7일 재 연장한 것으로 본다.

42. 항공안전법 제122조(초경량비행장치 신고) 의 초경량비행장치 신고를 받은 경우 그 초경량비행장치 소유자등에게 신고번호를 누가 발급하여야 하는가? 〈개정 2020. 6. 9.〉
① 국토교통부장관 ② 부산지방항공청장
③ 도로교통공단이사장 ④ 항공안전기술원장

43. 항공안전법 제122조(초경량비행장치 신고) 의 초경량비행장치 신고를 받은 경우 그 초경량비행장치 소유자등은 그 신고번호를 어떻게 처리해야 하는가? 〈개정 2020. 6. 9.〉

① 소유자는 신고번호를 잘 보관하고 있어야 함

② 소유자는 신고번호를 항상 소유하고 있어야 함

③ 소유자는 신고번호를 기체에 표시해야 함

④ 소유자는 신고번호를 외워야 함

44. 항공안전법 시행규칙 제301조(초경량비행장치 신고) 항공안전법 제122조제1항 본문에 따라 초경량비행장치소유자등은 초경량비행장치신고서(전자문서 포함)를 한국교통안전공단 이사장에게 제출하여야 한다. 첨부 서류가 아닌 것은?

① 초경량비행장치를 소유하거나 사용할 수 있는 권리가 있음을 증명하는 서류

② 초경량비행장치의 제원 및 성능표

③ 초경량비행장치의 사진(가로 15센티미터, 세로 10센티미터의 측면사진)

④ 초경량비행장치 자격증

45. 항공안전법 제123조(초경량비행장치 변경신고 등) 초경량비행장치소유자등은 제122조제1항에 따라 신고한 초경량비행장의 용도, 소유자의 성명 등 국토교통부령으로 정하는 사항을 변경하려는 경우에는 국토교통부령으로 정하는 바에 따라 누구에게 변경신고를 하여야 하는가?

① 국토교통부장관　② 지방항공청장

③ 도로교통공단이사장　④ 항공안전기술원장

46. 항공안전법 제123조(초경량비행장치 변경신고 등) 초경량비행장치소유자등은 제122조제1항에 따라 국토교통부장관은 제1항에 따른 변경신고를 받은 날부터 몇 일 이내에 신고수리 여부를 신고인에게 통지하여야 하는가? 〈신설 2020. 6. 9.〉

① 7일　② 15일　③ 5일　④ 20일

47. 항공안전법 제123조(초경량비행장치 변경신고 등) 초경량비행장치소유자등은 항공안전법 제122조제1항에 따라 신고한 초경량비행장치가 멸실되었거나 그 초경량비행장치를 해체(정비등, 수송 또는 보관하기 위한 해체는 제외한다)한 경우에는 그 사유가 발생한 날부터 몇 일 이내에 국토교통부장관에게 말소신고를 해야 하는가? 〈개정 2020. 6. 9.〉

① 7일　② 15일　③ 5일　④ 20일

48. 항공안전법 시행규칙 제302조(초경량비행장치 변경신고) 항공안전법 제123조제1항에서 "초경량비행장치의 용도, 소유자의 성명 등 국토교통부령으로 정하는 사항"이란 다음 각 호의 어느 하나를 말한다. 이 때 각 호의 내용이 아닌 것은?

① 초경량비행장치의 용도

② 초경량비행장치 소유자등의 성명, 명칭 또는 주소

③ 초경량비행장치의 보관 장소

④ 초경량비행장치의 소유자의 연락처

49. 항공안전법 시행규칙 제302조(초경량비행장치 변경신고) 항공안전법 제123조제1항에서 변경하려는 경우에는 그 사유가 있는 날부터 몇 일 이내에 제출하여야 하는가? 〈개정 2020. 12. 10.〉

① 7일 ② 15일 ③ 20일 ④ 30일

50. 항공안전법 시행규칙 제302조(초경량비행장치 변경신고) 항공안전법 제123조제1항에서 변경하려는 경우에는 초경량비행장치 변경 · 이전신고서를 누구에게 제출해야 하는가? 〈개정 2020. 12. 10.〉

① 국토교통부장관 ② 지방항공청장

③ 한국교통안전공단이사장 ④ 항공안전기술원장

51. 항공안전법 시행규칙 제308조(초경량비행장치의 비행승인), 항공안전법 제127조제2항 본문에서 "동력비행장치 등 국토교통부령으로 정하는 초경량비행장치"란 제5조에 따른 초경량비행장치를 말한다. 다만, 다음 각 호의 어느 하나에 해당하는 초경량비행장치는 제외한다. 〈개정 2017. 7. 18.〉 다음 각 호에 해당하지 않는 것은?

① 항공기대여업, 항공레저스포츠사업 또는 초경량비행장치 사용사업에 사용되지 아니하는 것

② 최저비행고도(200 미터) 미만의 고도에서 운영하는 계류식 기구

③ 관제권, 비행금지구역 및 비행제한구역 외의 공역에서 비행하는 무인비행장치

④ 가축전염병의 예방 또는 확산 방지를 위하여 소독 · 방역업무 등에 긴급하게 사용하는 무인비행장치

52. 항공안전법 시행규칙 제308조(초경량비행장치의 비행승인), 항공안전법 제127조제2항 본문에서 "동력비행장치 등 국토교통부령으로 정하는 초경량비행장치"란 제5조에 따른 초경량비행장치를 말한다. 다만, 다음 각 호의 어느 하나에 해당하는 초경량비행장치는 제외한다. 〈개정 2017. 7. 18.〉 다음 각 호에 해당하지 않는 것은?

① 항공기대여업, 항공레저스포츠사업 또는 초경량비행장치 사용사업에 사용되지 아니하는 것

② 최대이륙중량이 25킬로그램 이상인 무인동력비행장치

③ 관제권, 비행금지구역 및 비행제한구역 외의 공역에서 비행하는 무인비행장치

④ 가축전염병의 예방 또는 확산 방지를 위하여 소독·방역업무 등에 긴급하게 사용하는 무인비행장치

53. 항공안전법 시행규칙 제308조(초경량비행장치의 비행승인), 항공안전법 제127조제2항 본문에서 "동력비행장치 등 국토교통부령으로 정하는 초경량비행장치"란 제5조에 따른 초경량비행장치를 말한다. 다만, 다음 각 호의 어느 하나에 해당하는 초경량비행장치는 제외한다. 〈개정 2017. 7. 18.〉 다음 각 호에 해당하지 않는 것은?

① 항공기대여업, 항공레저스포츠사업 또는 초경량비행장치 사용사업에 사용되지 아니하는 것

② 연료의 중량을 제외한 자체중량이 12킬로그램 이하이고 길이가 10미터 이하인 무인비행선

③ 관제권, 비행금지구역 및 비행제한구역 외의 공역에서 비행하는 무인비행장치

④ 가축전염병의 예방 또는 확산 방지를 위하여 소독·방역업무 등에 긴급하게 사용하는 무인비행장치

54. 항공안전법 시행규칙 제308조(초경량비행장치의 비행승인), 항공안전법 제127조제2항 본문에서 "동력비행장치 등 국토교통부령으로 정하는 초경량비행장치"란 제5조에 따른 초경량비행장치를 말한다. 다만, 다음 각 호의 어느 하나에 해당하는 초경량비행장치는 제외한다. 〈개정 2017. 7. 18.〉 다음 각 호에 해당하지 않는 것은?

① 항공기대여업, 항공레저스포츠사업 또는 초경량비행장치 사용사업에 사용되지 아니하는 것

② 연료의 중량을 제외한 자체중량이 12킬로그램 이하이고 길이가 7 미터 이하인 무인비행선

③ 관제권, 비행금지구역 및 비행제한구역 공역에서 비행하는 무인비행장치

④ 가축전염병의 예방 또는 확산 방지를 위하여 소독·방역업무 등에 긴급하게 사용하는 무인비행장치

55. 항공안전법 시행규칙 제308조(초경량비행장치의 비행승인), 항공안전법 제127조제2항 본문에서 초경량비행장치를 사용하여 비행제한공역을 비행하려는 사람은 법 제127조제2항 본문에 따라 별지 제122호서식의 초경량비행장치 비행승인신청서를 누구에게 제출하여야 하는가? 〈개정 2017. 7. 18.〉

① 국토교통부장관　　② 지방항공청장

③ 한국교통안전공단이사장　　④ 항공안전기술원장

56. 항공안전법 시행규칙 제308조(초경량비행장치의 비행승인), 항공안전법 제127조 지방항공청장은 제3항에 따른 승인을 하는 경우에는 다음 각 호의 조건을 붙일 수 있다. 〈신설 2019. 9. 23.〉 다음 각 호의 조건이 아닌 것은?

① 탑승자에 대한 안전점검 등 안전관리에 관한 사항

② 비행장치 운용한계치에 따른 기상요건에 관한 사항 (항공레저스포츠사업에 사용되는 기구류 중 계류식으로 운영되지 않는 기구류만 해당한다.)

③ 비행경로에 관한 사항법

④ 비행착륙장치에 문제가 있는 사항

57. 항공안전법 시행규칙 제308조(초경량비행장치의 비행승인), 항공안전법 제127조 제3항에 따른 "국토교통부령으로 정하는 고도"란 다음 각 호에 따른 고도를 말한다. 〈신설 2017. 11. 10., 2018. 11. 22., 2019. 9. 23., 2020. 2. 28.〉 다음 각 호의 조건이 아닌 것은?

① 지표면 · 수면 또는 물건의 상단에서 100미터

② 건축물이 밀집된 지역에서 초경량비행장치를 중심으로 수평거리 150미터(500피트) 범위 안에 있는 가장 높은 장애물의 상단에서 150미터

③ 지표면 · 수면 또는 물건의 상단에서 150미터

④ 사람 또는 건축물이 밀집된 지역

58. 항공안전법 시행규칙 제308조(초경량비행장치의 비행승인), 항공안전법 제127조 제3항에 따른 승인 신청이 다음 각 호의 요건을 모두 충족하는 경우에는 6개월의 범위에서 비행기간을 명시하여 승인할 수 있다. 〈신설 2020. 5. 27.〉 다음 각 호의 조건이 아닌 것은?

① 교육목적을 위한 비행일 것

② 무인비행장치는 최대이륙중량이 25 킬로그램 이하일 것

③ 비행구역은 「초 · 중등교육법」 제2조 각 호에 따른 학교의 운동장일 것

④ 비행시간은 정규 및 방과 후 활동 중일 것

59. 항공안전법 시행규칙 제308조(초경량비행장치의 비행승인), 항공안전법 제127조 제3항에 따른 승인 신청이 다음 각 호의 요건을 모두 충족하는 경우에는 6개월의 범위에서 비행기간을 명시하여 승인할 수 있다. 〈신설 2020. 5. 27.〉 다음 각 호의 조건이 아닌 것은?

① 교육목적을 위한 비행일 것

② 비행고도는 지표면으로부터 고도 150미터 이내일 것

③ 비행구역은 「초 · 중등교육법」 제2조 각 호에 따른 학교의 운동장일 것

④ 비행시간은 정규 및 방과 후 활동 중일 것

60. 항공안전법 시행규칙 제308조(초경량비행장치의 비행승인), 항공안전법 제127조 제3항에 따른 승인 신청이 다음 각 호의 요건을 모두 충족하는 경우에는 6개월의 범위에서 비행기간을 명시하여 승인할 수 있다. 〈신설 2020. 5. 27.〉 다음 각 호의 조건이 아닌 것은?

① 교육목적을 위한 비행일 것

② 비행방법 등이 안전 · 국방 등 비행금지구역의 지정 목적을 저해하지 않을 것

③ 비행구역은 「초 · 중등교육법」 제2조 각 호에 따른 학교의 운동장일 것

④ 비행고도는 지표면으로부터 고도 150미터 이내일 것

61. 항공안전법 제127조제4항에 따라 국가기관등의 장이 무인비행장치를 비행하려는 경우 어떻게 해야 하는가? 〈신설 2018. 11. 22., 2019. 9. 23., 2020. 2. 28., 2020. 5. 27.〉

① 국가기관의 장은 비행승인신청서를 작성해서 지방항공청장에게 제출해야 한다.

② 국가기관의 장은 사전에 유 · 무선 방법으로 지방항공청장에게 통보해야 한다.

③ 국가기관의 장은 임의로 판단해서 비행할 수 있다.

④ 국가기관의 장은 사후에 유 · 무선 방법으로 지방항공청장에게 통보해야 한다.

62. 항공안전법 제127조제4항에 따라 국가기관등의 장이 관제권에서 비행하려는 경우 어떻게 해야 하는가? 〈신설 2018. 11. 22., 2019. 9. 23., 2020. 2. 28., 2020. 5. 27.〉

① 해당 관제권의 항공교통업무를 수행하는 자와 사전에 협의가 된 경우에 한정한다.

② 해당 관제권의 항공교통업무를 수행하는 자가 결정한다.

③ 비행금지구역에서 비행하려는 경우에는 해당 구역을 관할하는 자가 결정한다.

④ 비행금지구역에서 비행하려는 경우에는 해당 구역을 관할하는 자는 사후에 협의 한다.

63. 항공안전법 제127조제4항에 따라 무인비행장치를 비행한 국가기관등의 장은 비행 종료 후 지체없이 별지 제122호서식에 따른 초경량비행장치 비행승인신청서를 누구에게 제출해야 한가? 〈신설 2018. 11. 22., 2019. 9. 23., 2020. 2. 28., 2020. 5. 27.〉

① 국토교통부장관 ② 지방항공청장

③ 한국교통안전공단이사장 ④ 항공안전기술원장

64. 항공안전법 제2조 "초경량비행장치사고"에 해당하지 않는 것은?

① 초경량비행장치에 의한 사람의 사망, 중상 또는 행방불명

② 초경량비행장치의 추락, 충돌 또는 화재 발생

③ 초경량비행장치의 위치를 미확인

④ 초경량비행장치의 작동 불능

65. 항공안전법 시행규칙 제7조(사망·중상의 범위) 안전법 제2조제6호 가목, 같은 조 제7호가 목 및 같은 조 제8호가 목에 따른 사람의 사망은 초경량비행장치사고가 발생한 날부터 몇 일 이내에 그 사고로 사망한 경우를 포함한가?

① 10일 ② 15일 ③ 20일 ④ 30일

66. 항공안전법 시행규칙 제7조(사망·중상의 범위) 안전법 제2조 제6호 가목, 같은 조 제7호 가목 및 같은 조 제8호 가목에 따른 중상의 범위는 다음 각 호와 같다. 다음 각 호의 조건이 아닌 것은?

① 초경량비행장치사고로 부상을 입은 날부터 5일 이내에 48시간을 초과하는 입원치료가 필요한 부상

② 골절(코뼈, 손가락, 발가락 등의 간단한 골절은 제외한다)

③ 열상(찢어진 상처)으로 인한 심한 출혈, 신경 · 근육 또는 힘줄의 손상

④ 2도나 3도의 화상 또는 신체표면의 5퍼센트를 초과하는 화상 (화상을 입은 날부터 7일 이내에 48시간을 초과하는 입원치료가 필요한 경우만 해당한다)

67. 항공안전법 시행규칙 제7조(사망·중상의 범위) 안전법 제2조 제6호 가목, 같은 조 제7호 가목 및 같은 조 제8호 가목에 따른 중상의 범위는 다음 각 호와 같다. 다음 각 호의 조건이 아닌 것은?

① 내장의 손상

② 골절(코뼈, 손가락, 발가락 등의 간단한 골절은 제외한다)

③ 열상(찢어진 상처)으로 인한 심한 출혈, 신경 · 근육 또는 힘줄의 손상

④ 2도나 3도의 화상 과 신체표면의 5퍼센트를 초과하는 화상 (화상을 입은 날부터 7일 이내에 48시간을 초과하는 입원치료가 필요한 경우만 해당한다)

68. 항공안전법 시행규칙 제7조(사망·중상의 범위) 안전법 제2조 제6호 가목, 같은 조 제7호 가목 및 같은 조 제8호 가목에 따른 중상의 범위는 다음 각 호와 같다. 다음 각 호의 조건이 아닌 것은?

① 내장의 손상

② 코뼈, 손가락, 발가락 등의 간단한 골절

③ 열상(찢어진 상처)으로 인한 심한 출혈, 신경 · 근육 또는 힘줄의 손상

④ 전염물질이나 유해방사선에 노출된 사실이 확인된 경우

69. 항공안전법 시행규칙 제312조(초경량비행장치사고의 보고 등) 안전법 제129조제3항에 따라 초경량비행장치 사고를 일으킨 조종자 또는 그 초경량비행장치소유자등은 누구에게 제출해야 하는가?

① 국토교통부장관 ② 지방항공청장

③ 한국교통안전공단이사장 ④ 항공안전기술원장

70. 항공안전법 시행규칙 제312조(초경량비행장치사고의 보고 등) 안전법 제129조제3항에 따라 초경량비행장치 사고보고내용이 아닌 것은?

① 조종자 및 그 초경량비행장치소유자등의 성명 또는 명칭

② 사고가 발생한 일시 및 장소

③ 초경량비행장치의 종류 및 신고번호

④ 기체보험가입증권

71. 항공안전법 시행규칙 제312조(초경량비행장치사고의 보고 등) 안전법 제129조제3항에 따라 초경량비행장치 사고보고내용이 아닌 것은?

① 사상자 보호자 정보

② 사상자의 성명 등 사상자의 인적사항 파악을 위하여 참고가 될 사항

③ 사람의 사상(死傷) 또는 물건의 파손 개요

④ 사고의 경위

72. 항공안전법 시행규칙 제310조(초경량비행장치 조종자의 준수사항) 초경량비행장치 조종자는 법 제129조제1항에 따라 다음 각 호의 어느 하나에 해당하는 행위를 하여서는 아니 된다. 다만, 무인비행장치의 조종자에 대해서는 제4호 및 제5호를 적용하지 아니한다. 〈개정 2017. 11. 10., 2018. 11. 22. 2019. 9. 23.〉 다음 각 호의 내용이 아닌 것은 ?

① 인명이나 재산에 위험을 초래할 우려가 있는 낙하물을 투하(投下)하는 행위

② 주거지역, 상업지역 등 인구가 밀집된 지역이나 그 밖에 사람이 많이 모인 장소의 상공에서 인명 또는 재산에 위험을 초래할 우려가 있는 방법으로 비행하는 행위

③ 사람 또는 건축물이 밀집된 지역의 상공에서 건축물과 충돌할 우려가 있는 방법으로 근접하여 비행하는 행위

④ 군사목적으로 사용되는 초경량비행장치를 비행하는 행위

73. 항공안전법 시행규칙 제310조(초경량비행장치 조종자의 준수사항) 초경량비행장치 조종자는 법 제129조제1항에 따라 다음 각 호의 어느 하나에 해당하는 행위를 하여서는 아니 된다. 다만, 무인비행장치의 조종자에 대해서는 제4호 및 제5호를 적용하지 아니한다. 〈개정 2017. 11. 10., 2018. 11. 22. 2019. 9. 23.〉 다음 각 호의 내용이 아닌 것은?

① 비행시정 및 구름으로부터의 거리기준을 위반하여 비행하는 행위

② 일몰 후부터 일출 전까지의 야간에 비행하는 행위.

③ 「주세법」 제3조제1호에 따른 주류, 「마약류 관리에 관한 법률」 제2조제1호에 따른 마약류 또는 「화학물질관리법」 제22조제1항에 따른 환각물질 등(이하 "주류등"이라 한다)의 영향으로 조종업무를 정상적으로 수행할 수 없는 상태에서 조종하는 행위 또는 비행 중 주류등을 섭취하거나 사용하는 행위

④ 군사목적으로 사용되는 초경량비행장치를 비행하는 행위

74. 초경량비행장치소유자등이 안전법 제122조제5항을 위반하여 신고번호를 해당 초경량비행장치에 표시하지 않거나 거짓으로 표시한 경우 1차 위반시 과태료금액은? 〈개정 2020. 12. 10.〉

① 50만 원 ② 75만 원 ③ 100만 원 ④ 200만 원

75. 초경량비행장치소유자등이 안전법 제122조제5항을 위반하여 신고번호를 해당 초경량비행장치에 표시하지 않거나 거짓으로 표시한 경우 3차 위반시 과태료금액은? 〈개정 2020. 12. 10.〉

① 50만 원 ② 75만 원 ③ 100만 원 ④ 200만 원

76. 초경량비행장치소유자등이 안전법 제123조 제4항을 위반하여 초경량비행장치의 말소신고를 하지 않은 경우 1차 위반시 과태료금액은? 〈개정 2020. 12. 10.〉

① 15만 원 ② 30만 원 ③ 45만 원 ④ 60만 원

77. 초경량비행장치소유자등이 안전법 제123조 제4항을 위반하여 초경량비행장치의 말소신고를 하지 않은 경우 3차 위반시 과태료금액은? 〈개정 2020. 12. 10.〉

① 15만 원 ② 30만 원 ③ 45만 원 ④ 60만 원

78. 초경량비행장치소유자등이 안전법 제124조를 위반하여 초경량비행장치의 비행안전을 위한 기술상의 기준에 적합하다는 안전성인증을 받지 않고 비행한 경우 1차 위반시 과태료금액은? 〈개정 2020. 12. 10.〉

① 200만 원 ② 250만 원 ③ 300만 원 ④ 350만 원

79. 초경량비행장치소유자등이 안전법 제124조를 위반하여 초경량비행장치의 비행안전을 위한 기술상의 기준에 적합하다는 안전성인증을 받지 않고 비행한 경우 3차 위반시 과태료금액은? 〈개정 2020. 12. 10.〉

① 300만 원 ② 350만 원 ③ 400만 원 ④ 500만 원

80. 초경량비행장치소유자등이 안전법 제125조제1항을 위반하여 초경량비행장치 조종자 증명을 받지 않고 초경량비행장치를 사용하여 비행을 한 경우 1차 위반시 과태료금액은? 〈개정 2020. 12. 10.〉

① 100만 원 ② 150만 원 ③ 200만 원 ④ 250만 원

81. 초경량비행장치소유자등이 안전법 제125조제1항을 위반하여 초경량비행장치 조종자 증명을 받지 않고 초경량비행장치를 사용하여 비행을 한 경우 3차 위반시 과태료금액은? 〈개정 2020. 12. 10.〉

① 100만 원 ② 200만 원 ③ 300만 원 ④ 400만 원

82. 초경량비행장치소유자등이 안전법 제127조제3항을 위반하여 국토교통부장관의 승인을 받지 않고 초경량비행장치를 이용하여 비행한 경우 1차 위반시 과태료금액은? 〈개정 2020. 12. 10.〉
① 100만 원 ② 200만 원 ③ 300만 원 ④ 400만 원

83. 초경량비행장치소유자등이 안전법 제127조제3항을 위반하여 국토교통부장관의 승인을 받지 않고 초경량비행장치를 이용하여 비행한 경우 3차 위반시 과태료금액은? 〈개정 2020. 12. 10.〉
① 100만 원 ② 200만 원 ③ 300만 원 ④ 400만 원

84. 초경량비행장치소유자등이 안전법 제129조제1항을 위반하여 국토교통부령으로 정하는 준수사항을 따르지 않고 초경량비행장치를 이용하여 비행한 경우 1차 위반시 과태료금액은? 〈개정 2020. 12. 10.〉
① 100만 원 ② 200만 원 ③ 300만 원 ④ 400만 원

85. 초경량비행장치소유자등이 안전법 제129조제1항을 위반하여 국토교통부령으로 정하는 준수사항을 따르지 않고 초경량비행장치를 이용하여 비행한 경우 3차 위반시 과태료금액은? 〈개정 2020. 12. 10.〉
① 100만 원 ② 200만 원 ③ 300만 원 ④ 400만 원

86. 경량비행장치 조종자 또는 그 초경량비행장치소유자등이 안전법 제129조제3항을 위반하여 초경량비행장치사고에 관한 보고를 하지 않거나 거짓으로 보고한 경우 1차 위반시 과태료금액은? 〈개정 2020. 12. 10.〉
① 15만 원 ② 25만 원 ③ 35만 원 ④ 45만 원

87. 경량비행장치 조종자 또는 그 초경량비행장치소유자등이 안전법 제129조제3항을 위반하여 초경량비행장치사고에 관한 보고를 하지 않거나 거짓으로 보고한 경우 3차 위반시 과태료금액은? 〈개정 2020. 12. 10.〉
① 15만 원 ② 25만 원 ③ 30만 원 ④ 35만 원

88. 초경량비행장치 조종자 등에 대한 행정처분기준상 조종자증명 취소에 해당하지 않은 경우?

① 거짓이나 그 밖의 부정한 방법으로 자격증명등을 받은 경우

② 초경량비행장치의 조종자로서 업무를 수행할 때 고의 또는 중대한 과실로 초경량비행장치사고로 사망사고 발생한 경우

③ 조종자 증명의 효력정지기간에 초경량비행장치를 사용하여 비행한 경우

④ 안전법 제131조에서 준용하는 법 제57조제1항을 위반하여 주류등의 영향으로 초경량비행장치를 사용하여 비행을 정상적으로 수행할 수 없는 상태에서 초경량비행장치를 사용하여 비행한 경우

89. 초경량비행장치의 조종자로서 업무를 수행할 때 고의 또는 중대한 과실로 초경량비행장치사고를 일으켜 중상자가 발생시킨 경우 행정처분 기준은?

① 자격면허 효력중지 90일　② 자격면허 효력중지 60일

③ 자격면허 효력중지 30일　④ 자격면허 효력중지 15일

90. 초경량비행장치의 조종자로서 업무를 수행할 때 고의 또는 중대한 과실로 초경량비행장치사고를 일으켜 중상자외 부상자가 발생시킨 경우 행정처분 기준은?

① 자격면허 효력중지 90일　② 자격면허 효력중지 60일

③ 자격면허 효력중지 30일　④ 자격면허 효력중지 15일

91. 초경량비행장치의 조종자로서 업무를 수행할 때 고의 또는 중대한 과실로 초경량비행장치사고를 일으켜 재산피해를 100억 이상 발생시킨 경우 행정처분 기준은?

① 자격면허 효력중지 360일　② 자격면허 효력중지 180일

③ 자격면허 효력중지 300일　④ 자격면허 효력중지 90일

92. 초경량비행장치의 조종자로서 업무를 수행할 때 고의 또는 중대한 과실로 초경량비행장치사고를 일으켜 재산피해를 10억 이상 100억 미만 발생시킨 경우 행정처분 기준은?

① 자격면허 효력중지 360일　② 자격면허 효력중지 180일

③ 자격면허 효력중지 300일　④ 자격면허 효력중지 90일

93. 초경량비행장치의 조종자로서 업무를 수행할 때 고의 또는 중대한 과실로 초경량비행장치사고를 일으켜 재산피해를 10억 미만 발생시킨 경우 행정처분 기준은?

① 자격면허 효력중지 15일
② 자격면허 효력중지 60일
③ 자격면허 효력중지 90일
④ 자격면허 효력중지 30일

94. 안전법 제131조에서 준용하는 법 제57조제1항을 위반하여 주류등의 영향으로 초경량비행장치를 사용하여 비행을 정상적으로 수행할 수 없는 상태에서 초경량비행장치를 사용하여 주류상태에서 비행한 경우 행정처분기준은 혈중알콜농도는 몇 % 인가?

① 0.01%
② 0.02%
③ 0.03%
④ 0.04%

95. 안전법 제131조에서 준용하는 법 제57조제1항을 위반하여 주류등의 영향으로 초경량비행장치를 사용하여 비행을 정상적으로 수행할 수 없는 상태에서 혈중알콜농도 0.02%인 경우 자격면허 효력정지 행정처분기준은?

① 효력정지 30일
② 효력정지 60일
③ 효력정지 90일
④ 효력정지 120일

96. 안전법 제131조에서 준용하는 법 제57조제1항을 위반하여 주류등의 영향으로 초경량비행장치를 사용하여 비행을 정상적으로 수행할 수 없는 상태에서 혈중알콜농도 0.08%인 경우 자격면허 효력정지 행정처분기준은?

① 효력정지 30일
② 효력정지 60일
③ 효력정지 90일
④ 효력정지 120일

97. 안전법 제131조에서 준용하는 법 제57조제1항을 위반하여 주류등의 영향으로 초경량비행장치를 사용하여 비행을 정상적으로 수행할 수 없는 상태에서 혈중알콜농도 0.09%인 경우 자격면허 효력정지 행정처분기준은?

① 효력정지 90일
② 효력정지 120일
③ 효력정지 160일
④ 효력정지 180일

98. 항공법 제2조(정의) 항공법에서 정한 용어의 정의가 맞는 것은?

① 관제구라 함은 평균 해수면으로 부터 500미터 이상 높이의 공역으로서 항공교통의 통제를 위하여 지정된 공역을 말한다.

② 항공등화라 함은 전파, 불빛, 색채 등으로 항공기 항행을 돕기 위한 시설을 말한다.

③ 관제권이라 함은 비행장 및 그 주변의 공역으로서 항공교통의 안전을 위하여 지정된 공역을 말한다.

④ 항행안전시설이라 함은 전파에 의해서만 항공기 항행을 돕기 위한 시설을 말한다.

99. 항공법 제2조(정의) 국가기관등항공기가 수행하는 업무에 해당하지 않는 것은?

① 산불의 진화 및 예방　② 응급환자 후송 등 구조활동

③ 영상 촬영　④ 재난 재해로 인한 수색활동

100. 항공법 제2조(정의) 항공레저스포츠사업에서 대여해주는 기체로 알맞지 않은 것은?

① 활공기　② 헬리콥터

③ 초경량비행장치　④ 경량항공기

101. 항공법 제2조(정의) 항공업무에 해당하지 않은 것은?

① 항공기 조종연습　② 무선설비 조작

③ 항공교통관제　④ 무인항공기 운항

102. 항공법 시행규칙 제216조(항공정보) 항공시설, 업무절차 또는 위험요소의 시설, 운영상태 및 그 변경에 관한 정보를 수록하여 전기통신 수단으로 항공종사자들에게 배포하는 공고문은?

① AIC(항공정보회람)　② AIP(항공정보간행물)

③ AIRAC(항공정보관리절차)　④ NOTAM(항공고시보)

103. 항공고시보 (NOTAM)의 최대 유효기간은?

① 1개월　② 3개월　③ 6개월　④ 12개월

104. 항공정보 간행물은 무엇인가?

① NOTAM　② AIP　③ AIC　④ AIRAC

2

기출문제 답

1 초경량비행장치 무인멀티콥터 필기시험(비행이론과 운용) 해답

1번	2번	3번	4번	5번	6번	7번	8번	9번	10번
3	3	1	1	1	1	1	2	1	3
11번	12번	13번	14번	15번	16번	17번	18번	19번	20번
4	1	3	1	2	2	4	3	1	1
21번	22번	23번	24번	25번	26번	27번	28번	29번	30번
1	2	2	4	4	4	2	4	4	2
31번	32번	33번	34번	35번	36번	37번	38번	39번	40번
4	1	1	2	4	3	4	4	4	1
41번	42번	43번	44번	45번	46번	47번	48번	49번	50번
1	1	3	2	4	1	2	1	4	2
51번	52번	53번	54번	55번	56번	57번	58번	59번	60번
3	3	3	1	2	3	4	4	4	2
61번	62번	63번	64번	65번	66번	67번	68번	69번	70번
3	4	3	3	4	4	3	4	2	1
71번	72번	73번	74번	75번	76번	77번	78번	79번	80번
1	4	2	2	4	3	2	4	1	1
81번	82번	83번	84번						
1	3	1	1						

2 초경량비행장치 무인멀티콥터 필기시험(항공역학) 해답

1번	2번	3번	4번	5번	6번	7번	8번	9본	10번
3	4	2	3	3	2	1	3	1	3
11번	12번	13번	14번	15번	16번	17번	18번	19번	20번
3	2	3	1	2	1	3	2	4	3
21번	22번	23번	24번	25번	26번	27번	28번	29번	30번
4	2	2	1	4	1	2	2	2	1
31번	32번	33번	34번	35번	36번	37번	38번	39번	40번
3	4	4	1	1	1	2	4	3	1
41번	42번	43번	44번	45번	46번	47번	48번	49번	50번
4	1	2	3	2	3	2	1	3	1
51번	52번	53번	54번	55번	56번	57번	58번	59번	60번
4	2	2	4	1	4	1	3	2	4
61번	62번	63번	64번	65번	66번	67번	68번	69번	70번
1	4	3	2	3	2	2	1	1	2
71번	72번	73번	74번	75번	76번	77번	78번	79번	80번
2	1	3	2	2	4	4	4	4	1
81번	82번	83번	84번	85번	86번	87번	88번	89번	90번
1	4	3	4	4	4	2	2	3	3
91번	92번	93번	94번	95번	96번	97번	98번	99번	100번
2	1	3	4	1	2	1	3	3	4

3 초경량비행장치 무인멀티콥터 필기시험(항공기상) 해답

1번	2번	3번	4번	5번	6번	7번	8번	9번	10번
3	3	1	2	1	1	1	4	4	3
11번	12번	13번	14번	15번	16번	17번	18번	19번	20번
2	1	4	3	3	3	4	4	1	2
21번	22번	23번	24번	25번	26번	27번	28번	29번	30번
4	1	4	3	1	2	4	4	2	3
31번	32번	33번	34번	35번	36번	37번	38번	39번	40번
2	2	4	2	2	2	2	2	2	3
41번	42번	43번	44번	45번	46번	47번	48번	49번	50번
1	4	3	4	2	4	3	2	2	2
51번	52번	53번	54번	55번	56번	57번	58번	59번	60번
2	3	1	3	2	4	4	4	2	4
61번	62번	63번	64번	65번	66번	67번	68번	69번	70번
2	4	4	4	1	1	1	1	1	3
71번	72번	73번	74번	75번	76번	77번	78번	79번	80번
4	1	3	1	3	2	1	1	2	1
81번	82번	83번	84번	85번	86번	87번	88번	89번	90번
1	2	2	3	3	1	2	3	4	1
91번	92번	93번	94번	95번	96번	97번	98번	99번	100번
4	3	1	1	4	4	1	2	3	4

4 초경량비행장치 무인멀티콥터 필기시험(항공법규) 해답

1번	2번	3번	4번	5번	6번	7번	8번	9번	10번
2	2	4	4	1	4	4	4	4	4
11번	12번	13번	14번	15번	16번	17번	18번	19번	20번
4	4	2	1	1	4	4	3	4	3
21번	22번	23번	24번	25번	26번	27번	28번	29번	30번
2	2	2	4	4	4	4	2	4	3
31번	32번	33번	34번	35번	36번	37번	38번	39번	40번
1	3	4	3	4	1	1		1	1
41번	42번	43번	44번	45번	46번	47번	48번	49번	50번
1	1	3	4	1	1	2	4	4	3
51번	52번	53번	54번	55번	56번	57번	58번	59번	60번
2	2	2	3	2	4	1	2	2	4
61번	62번	63번	64번	65번	66번	67번	68번	69번	70번
2	1	2	4	4	1	4	2	2	4
71번	72번	73번	74번	75번	76번	77번	78번	79번	80번
1	4	4	1	3	1	2	2	4	2
81번	82번	83번	84번	85번	86번	87번	88번	89번	90번
3	1	2	1	2	1	3	4	1	3
91번	92번	93번	94번	95번	96번	97번	98번	99번	100번
2	4	4	2	2	4	4	4	2	2
101번	102번	103번	104번						
1	4	2	2						